ENCYCLOPÉDIE-RORET.

MOULEUR

EN MÉDAILLES.

AVIS.

—

Le mérite des ouvrages de l'*Encyclopédie-Roret* leur a valu les honneurs de la traduction, de l'imitation et de la contrefaçon ; pour distinguer ce volume, il portera à l'avenir la *véritable* signature de l'Éditeur.

En vente chez le même libraire.

MANUEL DU MOULEUR, ou l'Art de mouler en plâtre, carton, carton-pierre, carton-cuir, cire, plomb, argile, bois, écaille, corne, etc., etc., contenant tout ce qui est relatif au moulage sur nature morte et vivante, au moulage de l'argile, etc. (par M. LEBRUN. 1 vol. orné de figures, 2 fr. 50.

MANUELS-RORET.

NOUVEAU MANUEL COMPLET

DU

MOULEUR

EN MÉDAILLES,

OU

L'ART DE LES MOULER EN PLATRE, EN SOUFRE, EN CIRE, A LA MIE DE PAIN, A LA GÉLATINE, OU A LA COLLE FORTE.

PAR M. F.-B. ROBERT,

MEMBRE DE LA SOCIÉTÉ D'ÉMULATION DU JURA ;

suivi

DE L'ART DE CLICHER OU DE FRAPPER DES CREUX ET DES RELIEFS EN MÉTAUX.

NOUVELLE ÉDITION,

Augmentée d'un grand nombre de procédés nouveaux, de l'art de faire les médailles en pierre, en verre, en papier, en carton, en bois etc. ; et d'un traité abrégé de Galvanoplastie appliquée aux médailles ;

PAR E. DE VALICOURT.

PARIS,

A LA LIBRAIRIE ENCYCLOPÉDIQUE DE RORET,

RUE HAUTEFEUILLE, 10 BIS.

—

1843.

AVANT-PROPOS.

Sous les règnes de Louis XIV et de Louis XV, on a frappé beaucoup de médailles, et les premières années de celui de Louis XVI en ont vu augmenter le nombre. Mais depuis quarante ans, et particulièrement sous l'Empire, combien de grands événemens et de glorieux souvenirs le bronze n'a-t-il pas consacrés? A ces riches collections viennent se joindre les médailles frappées depuis le retour des Bourbons, celles de la galerie métallique des hommes dont s'honore la France, celles de la collection des hommes illustres de tous les pays, et les pierres antiques et modernes, qui nous offrent, dans des proportions si petites et si délicates, des copies si fidèles des chefs-d'œuvre de la sculpture antique et les traits les plus intéressans de l'histoire et surtout de la fable. La beauté et le fini de ces médailles et de ces pierres gravées, et les progrès qu'ont faits les beaux arts en France, ont répandu le goût des collections; mais la cherté des médailles et des pierres ne permettant pas à tout le monde d'en former des médaillers, le soufre, et le plâtre principalement viennent à notre secours, et nous offrent le précieux avantage d'en composer de beaux, à peu de frais.

Nous ne parlons point des médailles antiques, qui n'ont guères de valeur et n'offrent d'intérêt que quand on a les originaux , et dont les empreintes en soufre ou en plâtre ne pourraient en avoir, qu'autant qu'elles seraient prises sur des médailles bien conservées.

Le moulage des médailles offre beaucoup d'attraits; il n'exige ni de grands appareils ni de grandes dépenses, et beaucoup de personnes aimeraient à s'en occuper et le feraient avec succès , si elles avaient un guide sûr qui les conduisît, comme par la main , d'opération en opération. M'occupant, par goût et par délassement , à mouler des médailles et à frapper des clichés , j'ai, dans la pratique de plusieurs années, fait beaucoup d'observations et d'expériences, que j'ai recueillies et dont j'ai formé un *Traité complet du moulage des médailles et de l'art de clicher.* Ce traité forme le complément du *Manuel du mouleur en plâtre , carton* , etc., que M. Roret a publié au mois de septembre 1829; excellent ouvrage en son genre , mais qui n'a fait qu'effleurer la partie des médailles. C'est ce qui m'a déterminé à composer ce Manuel que j'offre aujourd'hui au public, dont , j'ose l'espérer, il recevra un accueil favorable. J'y entre dans les détails les plus minutieux : je n'ai caché , comme il arrive assez souvent de le faire aux auteurs d'ouvrages de ce genre , aucun des secrets de l'art, et celui qui suivra exactement ce guide est sûr de réussir , en très peu de tems, à très bien mouler et clicher , sans le secours de personne.

AVERTISSEMENT

SUR CETTE NOUVELLE ÉDITION.

Depuis l'apparition de la première édition de l'ouvrage de M. Robert, le progrès toujours croissant des études historiques et archéologiques a donné un nouvel essor et un nouvel intérêt aux collections numismatiques. Jusqu'à présent, le prix excessif de ces collections en avait fait le partage exclusif de quelques privilégiés de la fortune. Mais, grace à l'admirable et récente découverte de la GALVANOPLASTIE, les collections de médailles seront désormais à la portée de tous les amateurs; et chacun pourra posséder des empreintes inaltérables de ces précieux camées, de ces inimitables pierres gravées que nous ont légués l'Antiquité et le Moyen âge. Les médailles de tous les âges, reproduites à l'infini sur le bronze, et devenues ainsi populaires et indestructibles, présenteront à nos descendans et à la postérité l'histoire gravée des événemens qui nous ont précédés, de ceux dont nous fûmes les témoins, et mettront sous leurs yeux les traits des personnages illustres de tous les siècles.

Tous les arts plastiques se tiennent par la main et se prêtent un mutuel secours; aussi, loin d'avoir diminué le mérite et l'intérêt de l'excellent travail de M. Robert, la galvanoplastie n'a fait que lui donner une nouvelle importance. On verra en effet, dans la suite de cet ouvrage, que le moulage en plâtre est, en quelque sorte l'ame et l'élément primitif de tous les autres. C'est lui qui fournit avec promptitude et facilité des modèles au *clichage, à la galvanoplastie,* au moulage du carton, etc. Mais, par une utile réciprocité, ces diverses substances peuvent aussi servir à mouler le plâtre. Quelle que soit donc la matière dont on veut faire des médailles, il est indispensable, avant tout, de se familiariser avec toutes les opérations du moulage en plâtre.

Sous ce rapport, on ne peut trouver un meilleur guide que l'ouvrage de M. Robert. Cependant, comme cet ouvrage est une véritable création, puisque jusque là on n'avait encore rien écrit sur les procédés du mouleur en médailles, on concevra facilement que dans la rapidité d'un premier jet, l'auteur ait pu omettre quelques-uns des procédés relatifs à cette matière. Nous avons tâché de suppléer à cette lacune; mais, pour ne pas altérer l'ensemble du plan de M. Robert, nous avons décrit, dans des notes, dont les numéros se réfèrent à ceux de l'ouvrage, les procédés nouveaux ou les perfectionnemens apportés aux procédés anciens, depuis la première édition du *Manuel du Mouleur en médailles.* Nous ne nous sommes permis des interpolations dans le

texte, que lorsque la suite des matières l'exigeait impé-
rieusement, et que nous pouvions le faire sans déranger
l'ordre de numérotation adopté par l'auteur (1).

Du reste, nous nous sommes fait un scrupule de n'indiquer aucun procédé dont l'efficacité n'aurait point été
vérifiée par notre propre expérience. Nous avons écarté
avec soin toutes ces vaines théories dont le succès pro-
blématique est souvent démenti par la pratique; et si
l'on suit attentivement toutes nos prescriptions, on
peut être assuré de réussir.

Pour rendre ce nouveau Manuel aussi complet que
possible, nous n'avons pas cru devoir rien négliger de
ce qui a rapport aux médailles. On y trouvera donc la
manière de les reproduire, non-seulement en plâtre et
en soufre, mais encore en toutes sortes de matières,
telles que la pierre, le verre, le carton, le papier, le
bois, etc. Le traité de Galvanoplastie qui termine l'ouvrage, donnera la manière d'obtenir des médailles en
cuivre et de les bronzer.

Si quelques-uns de nos lecteurs se trouvaient embar-

(1) Toutes les fois que les différentes parties d'une note ajoutée
par nous, se référera à différens passages du numéro auquel elle
correspond, nous aurons soin d'indiquer par une lettre cette subdi
vision de la note

rassés pour se procurer des sujets de médailles, camées, sceaux armoriés, bas-reliefs etc, nous leur indiquerons l'immense collection de Mme Prin, 101, rue du Temple, à Paris. Ils trouveront chez cette dame, à un prix très modique, un choix de 8 à 10 mille sujets, formant la réunion presque complète de tout ce qui existe en ce genre.

MANUEL

DU

MOULEUR

EN MÉDAILLES.

PREMIÈRE PARTIE.

DU MOULAGE EN PLATRE, EN SOUFRE, EN CIRE,
A LA MIE DE PAIN, A LA GÉLATINE, EN PIERRE,
EN VERRE, EN BOIS, EN PAPIER, ETC.

CHAPITRE PREMIER.

DU PLATRE, DE LA MANIÈRE DE LE CUIRE, DE LE PRÉPARER ET DE LE GACHER.

1. Le mouleur en médailles faisant une bien moindre consommation de plâtre que celui qui moule des statues etc., et l'achetant ordinairement tout préparé, nous n'entrerons point ici dans tous les détails de sa

préparation. Cet article est traité, de la manière la plus satisfaisante, dans le *Manuel du Mouleur*, dont nous avons parlé, première partie, chapitre 1er. Cependant, nous allons enseigner, en peu de mots, la manière de le faire cuire et de le broyer, pour ceux qui voudraient faire eux-mêmes ces préparations.

On doit choisir la pierre à plâtre (*sulfate de chaux*) bien sèche, tirée de la carrière depuis quelques mois. On la casse en morceaux de la grosseur d'un petit œuf de poule ou d'une grosse noix, et on la met calciner dans un four, chauffé comme pour cuire le pain. On bouche l'ouverture du four ; quelques heures après, l'on retire quelques morceaux de plâtre qu'on casse. Si la calcination a pénétré jusqu'au centre des morceaux, et que cependant on y aperçoive encore quelques points brillans, le plâtre est cuit à propos, et on le retire du four. Si, dans la cassure, on remarquait beaucoup de brillans, il ne serait pas assez calciné ; et, si l'on n'y en remarquait point du tout, il le serait trop (1).

(1) Dans l'intérêt des personnes qui habitent loin de Paris, seul endroit où l'on puisse se procurer du plâtre convenablement préparé pour mouler des médailles, nous croyons devoir entrer dans quelques développemens, sur la manière de choisir le plâtre et de le calciner. Le choix de la matière première, le degré de cuisson et la perfection de la trituration du plâtre, sont tellement essentiels pour obtenir de bons résultats, qu'on ne saurait apporter trop de soins à ces opérations.

On choisira d'abord la pierre à plâtre la plus sèche et la plus anciennement tirée de la carrière qu'on pourra trouver. Celle qui présente une teinte tirant sur le blond, et vulgairement appelée par les carriers *roussette*, devra être préférée.

La meilleure manière de la calciner est de la mettre en petits morceaux de la grosseur d'une noix, dans un four chauffé comme pour cuire le pain. On l'y laissera environ huit heures, en ayant soin, pendant les quatre dernières heures, d'examiner de tems en tems les progrès de la calcination. *Voyez* la fin du n. 1.

On aura eu soin de bien balayer et nettoyer le four avant d'y mettre la pierre à plâtre. On l'y disposera sur une couche de 4 à 5 centimètres d'épaisseur au plus, et lorsqu'on la retirera, il faudra gratter soigneusement avec un couteau la croûte des morceaux de plâtre. Sans cette précaution, on n'obtiendrait pas un plâtre d'un blanc parfait.

2. Le plâtre étant calciné d'une manière convenable, on le pile dans un mortier qu'on couvre ; ou mieux on le broie sous une pierre, ou de toute autre manière. On le passe ensuite dans un tamis de crin, puis dans un tamis de soie, et on le renferme dans des vases ou dans des bouteilles que l'on bouche bien, pour empêcher qu'il ne s'évente, et que l'on tient dans un lieu sec. On broie de nouveau le résidu et on le passe dans les deux tamis.

3. Quand le plâtre est un peu ancien ou qu'il a été exposé à l'air ou à l'humidité, il ne prend qu'avec lenteur et ne durcit que faiblement. Pour remédier, autant qu'il est possible, à cet inconvénient, on fait chauffer le plâtre, à une chaleur modérée, dans un vase de fer ou de terre, on le remue avec une spatule ou une cuiller, ce qui fait évaporer l'humidité et lui rend en partie la qualité qu'il avait perdue (3). Avant de s'en servir, on le laisse refroidir.

Si néanmoins on n'avait pas un four à sa disposition, ou, si l'on voulait opérer la calcination du plâtre sur une petite échelle, on prendrait une vieille marmite ou tout autre vase de fonte muni d'un couvercle. On y renfermerait le plâtre, cassé en petits morceaux ; on luterait ensuite le couvercle avec un peu d'argile ; puis on enterrerait le vase dans la cendre du foyer, en ayant soin de l'entourer et de le recouvrir de charbons allumés. On mettrait surtout quelques charbons sur le couvercle, afin que la chaleur fût égale partout. Au bout de quelques heures, la calcination sera opérée : on s'en assurera du reste, en vérifiant d'après la manière indiquée à la fin du n. 1.

A défaut de vase en fonte, on pourrait encore se servir d'un bout de tuyau de poêle ou d'un tuyau en terre cuite, dont on boucherait exactement les extrémités avec de l'argile, pour empêcher la fumée de noircir le plâtre, et qu'on enterrerait également dans la cendre du foyer, suivant ce qui vient d'être dit. On pourrait encore placer ce tuyau dans la cheminée, en guise de bûche de fond.

Quant à la trituration du plâtre, on pourra employer soit un mortier en fonte ou en marbre, soit une pierre plate, sur laquelle on roulera un cylindre de bois ou une bouteille. Le point essentiel est de tamiser le plâtre très finement. On le tiendra ensuite à l'abri de toute poussière et de l'humidité.

(3) Nous devons prévenir le lecteur que ce moyen de raviver le

Le bon plâtre est celui qui absorbe le plus d'eau, prend le plus vite et durcit le plus. Cependant le plâtre des environs de Paris prend assez lentement; néanmoins il devient très dur. Il doit cette qualité à une petite portion de *carbonate de chaux* (chaux vive) qu'il contient, et qui y entre pour environ 0,12° de son poids. Ainsi on pourra augmenter la dureté des autres plâtres qui n'en contiennent pas, en y mélangeant avec soin, avant de le gâcher, la quantité de chaux vive en poudre très fine que nous venons d'indiquer, ou en le gâchant avec de l'eau de chaux bien saturée.

Il faut que la chaux vive que l'on veut ajouter au plâtre soit très récemment calcinée; car, au bout de quelques jours, elle a déjà perdu beaucoup de sa force. On la pulvérise, on la passe au tamis de soie, et l'on opère le mélange. Ou bien, quoique la chaux ait été calcinée depuis quelque tems, on la laisse s'éteindre spontanément, c'est-à-dire se réduire naturellement en poudre à l'air, mais à l'abri de la pluie. On la tamise et on l'étend sur une plaque de fer ou de tôle, sur le feu ou dans un petit four, pour la calciner de nouveau. Elle devient rouge, on la remue de tems en tems et on la retire quand elle est devenue bien vive; on la laisse refroidir et on l'emploie comme on l'a dit plus haut.

Le plâtre fraîchement broyé étant meilleur, on n'en broiera qu'au fur et à mesure qu'on en aura besoin.

4. Pour bien gâcher le plâtre, il faut verser, dans un vase, la quantité d'eau qu'on juge nécessaire, y ajouter du plâtre, jusqu'à ce que l'eau en soit saturée. Alors on le gâche, c'est-à-dire qu'on le mélange avec

---

plâtre éventé, n'a jamais une entière efficacité. On risque donc, en l'employant, de perdre inutilement sa peine et son tems, et il vaut infiniment mieux ne se servir, pour faire des médailles, que de plâtre dans toute sa force. Néanmoins, comme dans un pays où le plâtre est rare, il serait fâcheux de jeter celui qui se trouverait éventé, on pourra, après lui avoir fait subir le recuit indiqué n. 3, le mélanger avec moitié de plâtre neuf, et s'en servir pour doubler les moules en soufre. (*Voyez* note 42).

une spatule ou une cuiller de fer ou de bois, qu'on a soin de graisser pour que le plâtre ne s'y attache pas avec tenacité. On emploiera toujours de l'eau bien pure (4).

On peut *retarder* le plâtre, c'est-à-dire faire en sorte qu'il durcisse moins vite, en ajoutant dans le vase seulement une ou deux gouttes de colle-forte claire, ou en le gâchant avec de l'urine chaude. Cette dernière manière le rend extrêmement dur. Le sel mêlé à l'eau produit le même effet. Mais il faut bien se garder d'em-

---

(4) Quoique cette méthode de gâcher le plâtre pour faire des médailles, soit bonne, il faut une certaine habitude pour l'employer avec succès ; et dans les mains d'une personne peu exercée, elle pourrait produire des *évents* ou soufflures sur les médailles obtenues. N'ayant point d'ailleurs de données exactes sur la proportion de plâtre et d'eau à employer, on pourrait gâcher tantôt trop clair et tantôt trop serré. Voici donc, en faveur des commençans, une autre manière de gâcher le plâtre, qui donnera des résultats toujours égaux:

On mettra dans une saucière (forme de vase la plus commode pour couler des médailles) une quantité quelconque d'eau. On y versera ensuite, par petites portions et en l'éparpillant en spirale tout autour du vase, une dose de plâtre proportionnée au nombre et à la grandeur des médailles qu'on aura à couler. Aussitôt que la totalité du plâtre sera descendue au fond, et qu'il n'en restera plus de sec à la superficie, on décantera, avec précaution, le surplus de l'eau qui n'aura pas été absorbé par le plâtre, en versant cette eau par le bec de la saucière. On s'arrêtera, dès qu'on apercevra que le plâtre liquide est entraîné par l'eau ; et l'on obtiendra ainsi un plâtre toujours gâché de la même manière, et à la consistance convenable pour couler immédiatement les médailles. On évitera par là de remuer le plâtre pour le gâcher, opération qui y produit toujours des soufflures, en y introduisant de petites bulles d'air qui ensuite ne se dégagent pas toutes lors du moulage. Si néanmoins on gâche le plâtre, il faudra le remuer très doucement.

Il faut éviter de gâcher plus de plâtre qu'on n'en a besoin, et l'on ne doit jamais couler plus de dix médailles à la fois, si on veut les obtenir bien nettes : si on en coulait un plus grand nombre, le plâtre se trouverait trop pris à la fin de l'opération, et ne pourrait plus s'insinuer dans les parties les plus délicates de la gravure. (*Voyez* au surplus le n. 8.)

Lorsque le plâtre est trop long à prendre, on peut l'accélérer en répandant sur la superficie de l'objet moulé un peu de plâtre en poudre, qui, en peu de tems, absorbera l'excédant d'humidité. Mais en observant pour le gâchage les précautions que nous avons indiquées, on sera très rarement obligé de recourir à ce moyen.

ployer l'urine ou le sel quand les moules doivent servir , sans avoir été passés à l'huile lithargirée , à couler
des médailles en soufre, parce que ces moules devant
être trempés dans l'eau avant le moulage , les parties
salines qui se sont cristallisées par la dessiccation , ve-
nant à se dissoudre , cela formerait sur les moules de
petites cavités , semblables au pointillé de la miniature.

Au surplus , la pratique apprendra à gâcher de la manière la plus convenable au plâtre que l'on emploie.

(4 *bis*.) Nous ne terminerons pas ce qui est relatif
au plâtre , sans entretenir nos lecteurs d'une nouvelle
découverte bien précieuse pour le mouleur en médailles.
Nous voulons parler du plâtre durci au moyen de l'alun,
par le procédé de MM. Greenvood et Savoye. Ces mes-
sieurs , avec un désintéressement qui leur fait honneur,
se sont empressés de rendre publique la formule à l'aide
de laquelle ils obtiennent un plâtre d'une blancheur
éclatante, et dont la dureté égale presque celle du marbre. Voici cette formule :

Le plâtre est cuit d'abord comme à l'ordinaire ; on
le laisse ensuite séjourner pendant six heures dans un
bain d'eau saturée d'alun. On l'en retire , et après l'a-
voir fait sécher à l'air , à l'abri de la pluie , on lui fait
subir une seconde cuisson , dans laquelle on doit porter
la chaleur jusqu'à ce qu'il devienne rouge-brun. Il est
ensuite broyé et tamisé par les moyens ordinaires.

Comme ces diverses manipulations , quoique simples,
exigent une certaine habitude , et qu'elles pourraient
embarrasser un amateur , nous l'engagerons à se procurer le plâtre tout préparé chez MM. Greenwood et Savoye , rue d'Angoulême-St.-Honoré , à Paris ; il y trouvera à la fois économie de tems et d'argent. Le plâtre
dur existe chez M. Savoye sous trois états différens , le
très blanc, le demi-blanc et le rouge-brique. Cette dernière espèce est éminemment propre à imiter la terre
cuite , et cette imitation est si parfaite, qu'à moins d'en
être prévenu , on s'y méprend.

Ainsi que nous l'avons déjà dit , les principales qualités de ce plâtre consistent dans son extrême blancheur ,
dans sa dureté qui est telle, qu'une médaille faite en cette
matière , ne peut être entamée ni rayée avec l'ongle ;
et enfin, dans sa tenacité qui fait qu'à une épaisseur de 4
à 6 millimètres , on ne peut le briser avec les doigts ,
quoiqu'on y emploie toute sa force. Il adhère en outre
avec une extrême énergie sur le bois, la pierre , le fer
et le plâtre ordinaire. On peut facilement lui donner ,
sans altérer ses formes , un fort beau poli qui le fait res-
sembler à l'albâtre ou au beau marbre blanc. On peut
aussi , en y incorporant diverses substances colorantes ,
lui donner l'aspect et le veinage des différens marbres.

Toutes ces qualités rendent le plâtre dur, éminemment propre à reproduire des empreintes de médailles , et nous ne doutons pas que, sous ce seul rapport , l'amateur ne lui donne la préférence. Mais il est
encore d'autres considérations qui le rendent infiniment
ment précieux pour les diverses opérations que nous aurons à décrire. C'est ainsi que, passé à l'huile lithargirée
(voir le n° et la note 38), il pourra être substitué avec
avantage au soufre , pour faire les moules destinés à reproduire les médailles ; et comme il est presqu'inaltéra-
ble à l'eau , on pourra l'employer avec succès dans la
galvanoplastie, pour en composer les empreintes ou matrices sur lesquelles on voudra faire venir du cuivre.

Nous indiquerons , en son lieu , la manière d'employer le plâtre dur à ces divers usages. Nous avons
maintenant à nous occuper de la méthode de le gâcher ,
opération fort délicate , mais qui est la même dans
toutes les circonstances où l'on se sert de ce plâtre.
Nous enseignerons , en parlant du moulage (note 7 *d* ,
dernier alinéa) la manière de le couler dans les moules.

Le plâtre dur prend très lentement , puisque ce n'est
qu'au bout de 6 à 8 heures qu'il acquiert assez de
consistance pour pouvoir être retiré des moules, et qu'il
ne parvient à toute sa dureté , qu'après un jour ou

deux. Cette propriété, qui a ses avantages et ses inconve-
niens, doit servir de guide dans la manière de l'employer.
L'expérience a démontré qu'il doit être gâché à peu
près à la consistance de fromage à la crème ; s'il était
gâché plus clair, il ne durcirait qu'imparfaitement.
Voici le moyen de l'amener à ce point essentiel à saisir.

On versera dans un vase une certaine quantité d'eau,
on y ajoutera ensuite, petit à petit, le plâtre durci,
en ayant soin de remuer continuellement le mélange,
pour éviter qu'il ne s'y forme des grumeaux. On continuera ainsi à verser du plâtre, jusqu'à ce qu'on ait amené
la masse à la consistance voulue. Ce point obtenu, il ne
faut pas craindre de remuer de nouveau le plâtre et de
l'agiter sans cesse avec une cuiller ou une spatule pendant un quart d'heure et même une demi-heure. On
pourra, au reste, prolonger cette manipulation autant
qu'on voudra, puisqu'on n'est pas exposé à voir le plâtre
prendre, et qu'on peut se donner tout le tems nécessaire avant de le couler dans les moules. Cependant,
comme le plâtre durci est naturellement très gras, et
que quand il a une fois admis quelques bulles d'air, il
les laisse difficilement échapper, il pourrait arriver
qu'après avoir été bien remué et gâché, il renfermât
encore quelques évents ou quelques grumeaux qui pro-
duiraient inévitablement des soufflures sur les médailles.
Pour faire disparaître entièrement cet inconvénient, il
sera bon d'avoir un petit sac de mousseline claire ou
de canevas fin, dans lequel on introduira le plâtre gâché. On l'en fera ensuite sortir, en pressant le sac avec
les doigts au-dessus d'un vase qui recevra le plâtre désormais bon à être employé.

Nous avons dû insister sur la manière de gâcher le
plâtre durci, parce que si on négligeait les précautions
que nous avons indiquées, on n'obtiendrait que des
épreuves défectueuses, et l'on perdrait ainsi sa peine et
son tems.

On verra, à la note 7, a, la manière de préparer

les moules pour y couler le plâtre durci. Quant au moulage de ce plâtre , voir la note 7 , *d*, dernier alinéa ; et pour la manière de le polir, voir n° 54.

~~~~~~

CHAPITRE II.

DES OUTILS ET USTENSILES NÉCESSAIRES AU MOULEUR EN MÉDAILLES.

5. Il faut que le mouleur ait des vases en faïence ou en terre vernissée, toujours bien nettoyés , et des cuillers en fer ou en bois dur , pour délayer ou gâcher le plâtre et le couler; des pochons en fer battu de diverses grandeurs, pour y faire fondre le soufre ; quelques autres très minces et à goulot, pour le couler quand il fera de grandes pièces ; deux ou trois cuillers en fer mince , pour couler les médailles ordinaires ; quelques brosses à dents , pour nettoyer les médailles avant d'en prendre les empreintes ; une brosse plus fine pour les huiler avant d'y couler le plâtre ; deux ou trois autres semblables ou telles que celles dont se servent les orfèvres et les bijoutiers , pour polir et rendre brillantes les médailles en soufre noir ou couleur de bronze et celles en plâtre coloré; quelques pinceaux en poils d'écureuil ou soies fines de porc, pour donner la première couche de plâtre ; de l'huile lithargirée pour durcir les moules et modèles en plâtre ; des bandes de carton de carte ou de fort papier , de différentes longueurs et largeurs , passées à l'huile lithargirée (5), devant servir

(5) Au lieu des bandes de carton conseillées par l'auteur, nous employons avec succès des bandes de très forte toile cirée. Leur imperméabilité les rend d'un bon et long usage. Elles ont en outre

à entourer les médailles ou les moules, avant le moulage : de l'huile d'amandes douces ou de l'huile d'olives (que l'on rend bien fluide en la laissant séjourner dans un vase où l'on met de la tournure ou de la limaille de plomb) pour graisser les modèles ; et, s'il se peut, un petit fourneau pour faire fondre le soufre, soit à un feu nu, soit au bain de sable, au moyen d'une capsule ou vase de tôle, dans lequel se place le pochon contenant le soufre ; une ou deux feuilles de ferblanc dont on relève les bords d'environ 27 millim. pour servir à recevoir les soufres colorés que l'on prépare à l'avance ; un mortier en pierre ou en fonte, pour piler le plâtre, le charbon et les couleurs ; enfin, un tamis de crin et deux tamis de soie, avec un dessus et un dessous garnis en parchemin ; l'un pour tamiser le plâtre, et l'autre les couleurs. Tels sont à peu près les instrumens et les ustensiles, peu coûteux et faciles à se procurer, dont a besoin le mouleur en médailles, et qui cependant ne sont pas tous indispensables.

l'avantage de pouvoir servir également pour couler le soufre et le plâtre sans avoir besoin d'être huilées, tandis que les bandes de carton, quelque soin que l'on prenne, sont en très peu de tems hors de service. Nous nous servons encore, pour couler le soufre surtout, de bandes métalliques en plomb, en étain, en cuivre et même en fer, laminées très minces, et par conséquent très flexibles. Si l'on ne trouvait pas ces métaux en feuilles assez minces dans le commerce, il serait facile d'y remédier, en les faisant laminer de nouveau par le premier orfèvre ou bijoutier venu. (*Voyez* note 7 *b*.)

Nous avons dit plus haut (note 4) qu'une saucière était le vase le plus commode pour gâcher le plâtre et couler les médailles, il sera donc à propos de s'en procurer une pour cet usage.

A la nomenclature des outils désignés n. 5, il convient d'ajouter deux ou trois gros pinceaux en poil de blaireau, connus dans le commerce de couleurs sous le nom de pinceaux *à laver*. Ils sont indispensables pour nettoyer la superficie des médailles en plâtre, lorsqu'elle est recouverte de poussière. C'est le seul instrument avec lequel on ne risque pas d'altérer les empreintes. Cependant un vieux pinceau à barbe bien propre produirait le même effet.

CHAPITRE III.

—

PRÉPARATION DES MÉDAILLES ET AUTRES OBJETS AVANT LE MOULAGE, ET MANIÈRE DE MOULER.

§ 1er. *Préparation des médailles.*

6. Que la médaille ou l'objet dont on peut avoir l'empreinte soit en métal, en soufre ou en toute autre matière, si l'on veut que le moule rende bien tous les traits et tous les détails de la gravure, il faut examiner, avec une loupe, s'il ne s'y est point attaché, surtout dans les creux et autour des lettres, de matières étrangères, et procéder, même dans le cas où l'on n'en apercevrait pas, ainsi que nous allons l'indiquer.

On fait dissoudre du savon, que l'on ratisse, dans une partie égale d'eau et d'eau-de-vie (6). Avec une brosse à dents qui ne soit pas dure, et qu'on trempe légèrement dans cette dissolution, on nettoie bien la médaille, jusqu'à ce qu'avec la loupe on n'y aperçoive plus de corps étrangers. Si la brosse n'a pas pu tout enlever, on se servira, pour y parvenir, d'un bout de bois dur aiguisé très fin (une pointe de fer ou d'acier endommagerait les médailles) et l'on vérifiera avec la loupe s'il n'y reste rien. On lavera de nouveau avec la brosse et la dissolution, et l'on essuiera la médaille avec de la mousseline ou de la toile usée. On agira de même pour les pierres gravées et les camées ; et, s'il y avait des parties qui ne fussent pas de *dépouille*, on gar-

---

(6) Il ne faut point employer de vinaigre, parce qu'il pourrait altérer le vernis de bronze qui recouvre les médailles.

nirait les *noirs*, c'est-à-dire les parties rentrantes, avec du mastic de vitrier ou de la cire, qu'on enleverait de la manière qui vient d'être indiquée, lorsque les moules seraient faits; ou bien on les ferait en gélatine. (*Voy.* nº 72 et suivans.)

§ II. *Du moulage.*

7. Les médailles, pierres ou camées ainsi préparées, on prend une brosse à dents bien fine (en poils de blaireau), que l'on imprègne légèrement d'huile d'amandes douces ou d'huile d'olives bien fluide (*voy.* nº 5); on tient la médaille par les bords, et on la graisse sur toute la surface, mais de manière qu'elle soit seulement humide, et que l'huile n'y forme aucune épaisseur, ce qui rendrait les traits *flous;* c'est-à-dire que le moule paraîtrait fait sur une médaille usée et ne rendrait pas bien les détails de la gravure. Si la brosse contenait trop d'huile, on la frotterait sur un morceau de peau de gant blanche, du côté où était le poil, ou sur un linge neuf, car autrement il s'y attacherait une espèce de duvet qui resterait sur la médaille en l'huilant (7 a).

(7 a) On peut encore huiler les modèles de la manière suivante : On met une ou deux gouttes d'huile sur chaque médaille ou moule, suivant sa grandeur; on verse de préférence cette goutte d'huile dans l'endroit le plus creux de la médaille; on l'étend ensuite sur toute la surface, au moyen d'un tampon de coton, qu'on choisira de très bonne qualité, pour éviter qu'il ne laisse aucun duvet sur la médaille. On aura soin que l'huile pénètre partout, et particulièrement dans le creux des lettres; et si l'on opère sur des moules en soufre, il faudra ne pas négliger de bien huiler les bords, car sans cette précaution, ces bords adhéreraient au plâtre, et on ne manquerait pas de les enlever avec la médaille, en la retirant du moule.

Les sujets un peu grands et ceux fort creux seront beaucoup mieux huilés avec un pinceau à longs poils en blaireau. On aura soin d'enlever les poils du pinceau qui resteraient sur le moule.

La brosse à dents recommandée par l'auteur, a cet inconvénient que souvent, avec son manche ou sa monture, on fait éclater les moules en soufre, en y passant la couche d'huile.

Lorsqu'on voudra faire des médailles en plâtre dur, il sera indispensable de huiler un peu plus fort les moules. Sans cela, à cause de l'extrême adhérence de ce plâtre, quelques parties du sujet

Cette opération faite, on entoure la médaille d'une bande de carton de carte ou de fort papier passé à l'huile lithargirée (pour qu'elle serve plus long-tems), et assez large pour s'élever au-dessus de la médaille de l'épaisseur qu'on veut donner au moule (b). On fixe cette bande avec du pain à cacheter ou mieux avec du fil dont on tord les deux bouts (c); on verse dans un vase une quantité d'eau convenable. On y met du plâtre passé au tamis de soie, jusqu'à ce qu'il ait absorbé l'eau; alors on le gâche avec une cuiller en fer ou en

resteraient dans le moule, ou, ce qui serait encore plus grave, des fragmens du moule lui-même resteraient attachés au plâtre.

En général, on ne risquera rien d'huiler un peu fort les moules, et les médailles viendront néanmoins très nettes si l'on a soin de pointiller long-tems avec le pinceau qui sert à appliquer la première couche de plâtre (Voyez n. 7). On fera même bien d'insister long-tems sur cette première couche, ce sera le moyen d'obtenir toujours des empreintes bien nettes, polies, et exemptes de cet aspect pâteux qui les ferait mettre au rebut. Au reste l'expérience apprendra facilement à saisir le point convenable.

(b) Nous avons dit, note 5, que les bandes en toile cirée sont les plus propres de toutes à entourer les médailles; nous engageons beaucoup nos lecteurs à adopter cette innovation dont ils retireront un grand avantage. On les fixera au moyen d'un gros fil, faisant deux ou trois tours, et qu'on arrêtera en tordant ensemble les deux bouts. Les bandes métalliques indiquées note 5, sont aussi d'un fort bon usage.

Il est essentiel, en entourant les médailles ou les moules, de disposer la bande de telle sorte qu'elle soit exactement perpendiculaire avec la surface de la gravure. Si l'entourage était oblique par rapport à cette surface, les bords de la médaille en plâtre présenteraient un biseau d'un aspect désagréable : et il deviendrait plus difficile d'entourer cette médaille elle-même, lorsqu'on voudrait y couler du soufre.

Il est impossible d'entourer avec les bandes ordinaires les sujets de forme carrée; on devra alors se servir des bandes métalliques, qui prennent et conservent beaucoup mieux les plis brusques des angles. Un autre procédé, bien préférable encore, consiste à contenir les médailles carrées dans un petit cadre formé de planchettes de bois mince, et dont l'un des côtés est emmanché à queue d'aronde, pour pouvoir retirer facilement la médaille. On huilera fortement ces cadres.

(c) Pour les médailles de 41 à 54 millimètres de module ou diamètre, les moules auront 11 à 14 millimètres d'épaisseur; elle augmentera pour celles d'un plus grand module, surtout quand elles auront beaucoup de relief, parce qu'en coulant le soufre dans des creux épais, il risque moins de s'y attacher, et que la chaleur qui se communique au plâtre, se divisant dans la totalité du moule, est d'autant moins forte que le moule a plus d'épaisseur.

bois, jusqu'à ce qu'il n'y reste aucun grumeau. Pendant qu'il n'est pas plus épais que de la crème, on prend un pinceau de poils d'écureuil, si les traits de la médaille sont très fins, ou de fines soies de porc, dans le cas contraire; on donne une couche de plâtre avec ce pinceau, en ayant soin de le passer partout, particulièrement dans les creux, de manière que toute la surface de la médaille soit bien garnie de plâtre. Cela se fait pour éviter les soufflures qui, sans cette précaution, se trouveraient infailliblement sur le moule. On peut aussi y verser avec la cuiller environ 2 millim. d'épaisseur de plâtre clair, et avec le pinceau, qu'on fera bien de couper au bout perpendiculairement au tuyau, ou parcourt toute la surface de la médaille, comme si l'on pointillait, en tenant le pinceau d'aplomb. Cela fait, on le lave dans l'eau, et l'on verse, avec la cuiller, jusqu'au bord du carton, du même plâtre, ou par économie de celui qui n'aurait pas été passé au tamis de soie, et qu'on gâche plus épais pour qu'il ait plus de force, durcisse davantage et plus promptement. Pour qu'il s'introduise mieux dans toutes les parties de la médaille, on peut, au moment qu'on vient de le verser, le sasser en frappant légèrement avec le poing sur la table où l'on opère.

Quand il sera suffisamment pris ou durci, ce qu'on reconnaît lorsqu'il ne fait plus d'eau et ne cède plus sous la forte pression du doigt, on ôtera le carton (d) et

_____

(d) C'est ici le lieu d'indiquer une opération indispensable, dont la description a été omise par l'auteur:

Aussitôt que la bande qui entourait la médaille aura été enlevée, on prendra un couteau, et on coupera proprement, tout autour de la médaille, tout le plâtre qui excéderait la tranche du moule, et qui ne manque jamais de s'insinuer entre ce moule et son entourage, quelque serré qu'il soit. Si l'on négligeait cette précaution, la médaille se détacherait difficilement du moule, retenue qu'elle serait par les portions de plâtre faisant corps avec elle, et qui adhèrent d'autre part à la tranche du moule. C'est encore le moment d'enlever avec le couteau l'excédant d'épaisseur qu'on pourrait avoir donné à la médaille, et de rendre le dessous de cette médaille, bien parallèle à sa superficie.

l'on enlèvera le moule avec précaution, en tenant la médaille d'une main et le moule de l'autre, les bras appuyés sur les côtés (si l'on sent une grande adhérence), et en éloignant les mains dans la direction d'une ligne droite, ayant soin que celle qui tient la médaille ne touche pas le bord du moule et ne l'endommage (e) Si l'on reste trop long-tems à séparer le moule de la médaille, on risque de voir s'attacher à celle-ci une efflorescence de plâtre détachée du moule, ce qui l'empêche

(e) Voici la meilleure manière de séparer la médaille de son moule, sans courir le risque d'endommager l'un ou l'autre :

On saisira l'angle externe de la tranche de la médaille d'une part, et du moule d'autre part, avec le milieu de la première phalange des quatre premiers doigts de chaque main, les coudes appuyés sur une table. Dans cette position, on fera une légère pesée, en arc-boutant les extrémités de chaque doigt d'une main, contre celles de chaque doigt analogue de l'autre main ; et le moindre effort suffira pour détacher la médaille. Cette opération, un peu longue à décrire, se fait en un clin d'œil dès qu'on en a pris l'habitude.

Beaucoup de médailles, et surtout celles qui sont le plus en relief, ont un sens plus favorable pour la dépouille, c'est-à-dire qu'en les ouvrant d'abord par tel ou tel point de leur circonférence, au lieu de les tirer parallèlement au moule, il est beaucoup plus facile de les détacher. On étudiera donc avec attention chaque modèle ; et dès qu'on aura trouvé le sens de la dépouille, on l'indiquera sur le moule, en faisant sur l'angle de ce moule une légère encoche, qui servira de repère. En ouvrant alors la médaille suivant cette indication, on ne risquera pas de laisser une portion du plâtre dans le moule, ce qui ne manquerait pas d'arriver, si la médaille était retirée à contre-sens de la dépouille.

Les médailles retirées du moule, il sera bon, avant de les faire sécher, d'émousser légèrement, avec l'extrémité du pouce, la vivacité des angles des bords.

Il faut encore ne pas attendre que le plâtre soit complètement sec, pour enlever avec précaution, à l'aide de la pointe d'un canif, les petits points en relief ou autres irrégularités qui pourraient se trouver sur la médaille, par suite des défectuosités du moule. Avec un peu d'adresse, de patience et d'habitude, on parviendra facilement à rendre à la gravure sa netteté primitive.

Tout ce qui a été dit ci-dessus, pour le plâtre ordinaire, relativement à l'entourage, et à la couche qu'on doit donner au pinceau, est également applicable au plâtre durci par l'alun. Ce plâtre ne doit être retiré des moules, que lorsqu'il a acquis assez de consistance pour ne plus se détacher en petits fragmens qui resteraient dans le creux de l'empreinte. Il faut de six à dix heures, suivant la température de la saison, pour atteindre ce point.

de porter le brillant de la médaille. Cela n'arrive guères que lorsque, voulant avoir des empreintes parfaites, des petits objets surtout, on huile le modèle le moins qu'il est possible.

Cependant, quand le plâtre est de bonne qualité et que la médaille est huilée convenablement, il vaut mieux attendre plus long-tems, parce que le moule se détache et s'enlève, sans qu'il soit même besoin de toucher à la médaille, dont il a tout le brillant et tout l'éclat. C'est donc l'expérience et la qualité du plâtre qui doivent apprendre au mouleur s'il doit huiler plus ou moins, et lever le moule plus tôt ou plus tard.

8. Lorsqu'on voudra prendre les creux d'un certain nombre de médailles, on ne les moulera pas l'une après l'autre, ce qui entraînerait une grande perte de tems et de plâtre. On rangera les médailles en ligne, devant soi; on mettra, avec la brosse, une goutte d'huile sur 4 ou 5, même sur 12 (la pratique servira de guide à cet égard), puis avec une brosse fine, qu'on n'imprégnera pas d'huile de nouveau, à moins que cela ne soit nécessaire, on étendra celle qui est sur les médailles avec les précautions plus haut indiquées. On placera les bandes de carton ou de papier; on gâchera clair la quantité de plâtre qu'on croira nécessaire pour leur donner la couche dont on a parlé n° 7. Pendant que le plâtre sera convenable, on opérera sur chaque médaille avec le pinceau, qu'on lavera aussi souvent qu'il sera nécessaire, pour qu'il ne s'y forme point de grumeaux. Ensuite on gâchera du plâtre plus épais, et l'on en remplira l'intérieur du carton. Il vaut mieux gâcher moins de plâtre qu'il n'en faut que d'en trop gâcher, pour ne pas se voir exposé à perdre celui qu'on aurait de trop ou qui se serait durci avant qu'on eût pu l'employer. On aura soin, chaque fois, de bien nettoyer le vase, la cuiller, le pinceau et les cartons, et de dégraisser de tems en tems la brosse à l'huile, avec de l'essence de térébenthine. On la lavera ensuite à l'eau de savon,

puis à l'eau claire, et l'on ne s'en servira que lorsqu'elle sera sèche (8).

9. Si l'on tenait à faire, par exemple, une douzaine de moules à la fois, et que le plâtre prît trop vite, on le retarderait en y mettant seulement une ou deux gouttes de colle-forte claire, comme on l'a dit n° 4. Ceci s'entend plus particulièrement de la couche à donner au pinceau (9).

10. Les moules faits, on les placera sur une planche, le bord de l'un légèrement appuyé sur celui du précédent, pour qu'ils sèchent dessus et dessous et ne moisissent pas. On évitera qu'ils ne se couvrent de poussière, et il ne faudra jamais en toucher la surface (10).

11. On nettoiera de nouveau les médailles de la manière indiquée au n° 6 ; et si elles sont de bronze, on leur donnera ensuite un beau brillant, en les frottant légèrement à la plombagine ou à la mine de plomb, avec une brosse à dents, en poils de blaireau, ou une brosse dont les orfèvres et les bijoutiers se servent pour polir leurs ouvrages (11).

12. Quand on voudra couler des reliefs en plâtre sur des moules en métal, en soufre ou en plâtre passés à l'huile lithargirée, on procédera de la manière indiquée au présent chapitre; mais on donnera moins d'épaisseur aux reliefs qu'aux creux, parce que des reliefs trop épais figureraient mal dans un tableau ou dans un médailler.

---

(8) Voyez la note 4.

(9) Si le plâtre prend trop lentement, voyez le dernier alinéa de la note 4.

(10) Si c'est en hiver que l'on opère, comme le plâtre est alors plus long-tems à prendre, et que les médailles pourraient être salies ou gâtées par une exposition prolongée à l'air et à la poussière, il sera très convenable d'accélérer la dessiccation du plâtre, en rangeant les médailles sur le dessus d'un poêle de faïence, dont la chaleur ne doit pas excéder le point où on peut encore y tenir la main.

(11) S'il arrivait que par suite du moulage, le bronzage des médailles en cuivre fût altéré ou détruit, on y remédiera en les bronzant de nouveau suivant le procédé indiqué à la fin du traité de Galvanoplastie, n° 179.

CHAPITRE IV.

—

§ Ier. Soufre pur.

13. On brise les canons de soufre en morceaux de la grosseur d'une noix, plus ou moins ; on les met dans un vase de terre vernissé neuf, ou dans un vase en fonte ou un poêlon de fer, sur un feu doux, modéré par des cendres qu'on répand dessus, ou au bain de sable, suivant qu'il est dit n° 5. On le fait fondre lentement, en ayant la précaution de le remuer souvent, pour hâter la fusion et empêcher qu'il ne se durcisse à la surface. Le soufre fond à la température de 104 degrés du thermomètre centigrade (13).

Si le feu était trop ardent, le soufre s'échaufferait trop, et au lieu d'être liquide, il deviendrait poisseux, filerait comme du sucre caramélé et pourrait s'enflammer. Si cela arrivait on éteindrait la flamme en ôtant le vase de dessus le feu et en le couvrant d'un linge mouillé, plié en plusieurs doubles, ou simplement avec un cou-

(13) Il faut éviter de faire fondre le soufre dans un appartement où il y aurait des dorures, des bronzes, des pendules et surtout de l'argenterie ou de l'acier poli. L'acide sulfureux qui se dégage pendant la fusion produirait à la superficie de ces objets une couche d'oxide qui en altérerait l'éclat et le poli ; il en résulterait en outre dans l'appartement une odeur désagréable et persistante. Il sera donc préférable de fondre le soufre à l'air libre, et si l'on était forcé d'en agir autrement, il faudra tenir constamment le vase contenant le soufre, sous le manteau d'une cheminée, ou sous la hotte d'une forge, lorsqu'on en a une à sa disposition.

vercle qui joigne bien autour du vase. Quelques minutes après, on ôtera le linge ou le couvercle en prenant garde de respirer le gaz qui s'échappe ; on remuera le soufre jusqu'à ce qu'il ait repris sa liquidité, qu'au reste il reprendrait sans cela, mais moins promptement. Lorsque le soufre s'est enflammé ou que seulement il est devenu gluant, il perd cette belle couleur citron qui flatte si agréablement la vue, quand on a employé du soufre bien épuré, connu dans le commerce sous le nom de *soufre fleuron.*

14. Lorsqu'on veut faire des moules en soufre ou le colorer, il n'est pas besoin de prendre pour le faire fondre autant de précaution. Il suffit, lorsqu'on veut le couler, qu'il n'ait que la chaleur convenable, indiquée nº 27 (14).

15. Pour donner à celui qu'on destine à faire des moules plus de force et le rendre moins fragile, on pourra y mélanger un quart, en volume, de poudre de charbon de bois, passée au tamis de soie. Celui qui provient des bois légers, tels que le peuplier, le tremble, le saule, etc., doit être préféré, comme se mélangeant mieux avec le soufre et ne faisant aucun dépôt. (*Voy.* nº 20, la manière de faire ce mélange ; *voy.* aussi le nº 121, pour augmenter la dureté du soufre.) (15).

Si, lorsque le soufre est fondu, on continue à le chauffer sans le contact de l'air, et qu'on le décante dans de l'eau froide pour le figer, il acquiert une cou-

---

(14) Lorsque le soufre est destiné à faire des moules, il sera très avantageux de le laisser cuire, jusqu'à ce qu'il ait atteint la consistance de mélasse, sauf à le laisser refroidir avant de le couler (*Voir* n. et note 27). Ce degré de cuisson a pour effet de rendre le soufre infiniment moins cassant (*Voyez* encore n. 121 et note 15).

(15) Nous avons essayé de mélanger avec le soufre du charbon, de l'ardoise, de la brique, pilés et tamisés très fin ; mais toutes ces substances sont loin de lui donner la dureté qu'il acquiert en y ajoutant des battitures de fer, suivant ce qui est prescrit n. et note 121).

leur rouge hyacinthe, devient tenace comme la cire, et peut être employé pour prendre des empreintes de pierres gravées qui se durcissent beaucoup par le refroidissement.

§ II. *Couleur verte.*

16. Ce mélange est celui qui, du commencement à la fin de la *coulée*, donne la teinte la plus égale ; prenez :

  1 kilo., soufre fleuron ou d'un beau jaune citron.
  30 grammes, bleu de Prusse, pulvérisé très-fin.

Mêlez bien le bleu avec le soufre, qui ne doit avoir que le degré de chaleur nécessaire pour le couler (*voy.* n° 27). Plus on met de bleu, plus la teinte devient foncée.

17. Il est à propos de remarquer ici que si l'on veut couler un grand nombre de médailles de la même couleur et de la même teinte, il faut, si l'on fait plusieurs fontes, faire fondre tout le soufre nécessaire, dans les mêmes proportions, pour le mélange. Dans tous les cas, il est préférable de partager chaque fonte, bien mélangée, en plusieurs parties, que l'on verse toujours en remuant, sur des feuilles de fer-blanc huilées, dont les bords sont relevés d'environ 25 millimètres pour le retenir. Ensuite on concassera le produit de toutes les fontes, on le mélangera bien et l'on n'en formera qu'une seule masse, dont les parties, quand on les fera fondre pour mouler, offriront toutes une teinte égale.

18. Voici une autre observation qui s'applique à tous les mélanges, ainsi que la précédente. Comme ce n'est guères qu'au bout d'un jour que le soufre qui a été fondu offre la couleur qu'il conservera, on ne peut, au moment de la fonte, voir si l'on a obtenu la teinte qu'on désire. Pour y parvenir on prend un morceau de papier blanc, et avec un bout de bois ou une allumette, qu'on trempe dans le vase, on trace sur du papier blanc

une ligne qui est formée d'une couche de soufre très-mince qui, dans quelques minutes, offre la teinte qu'il aura plus tard. Si l'on fait une seconde fonte, on tracera, à côté de la ligne déjà faite, une ou plusieurs lignes, jusqu'à ce que l'on voie que la teinte est pareille à la première.

§ III. *Couleur rouge.*

19. Pour l'obtenir, prenez :
    1 kilogramme de soufre jaune.
    30 grammes de vermillon.

Mélangez bien sur un feu doux, toujours en remuant. Remuez aussi bien à fond, quand vous le verserez sur les plaques de fer blanc. Ce mélange demande, quand on coule les médailles, à être bien agité chaque fois avec la cuiller, parce que le vermillon étant beaucoup plus pesant que le soufre, tend toujours à se précipiter au fond du vase.

Vérifiez, suivant le prescrit du n° 18, l'intensité de la teinte, que vous rendrez plus ou moins foncée, en augmentant la dose de rouge, ou en ajoutant du soufre.

§ IV. *Couleur noire.*

20. On obtient cette couleur en mélangeant au soufre environ un quart de son volume, de poudre de charbon de bois blanc, passée au tamis de soie (*voy* n° 15). Mais cette addition ne se fait pas immédiatement après que le soufre est fondu. On fait auparavant un feu vif sous le soufre, de manière qu'il perde sa liquidité en devenant poisseux. On y met le feu, en ayant la précaution de placer le vase qui le contient sous la cheminée ou hors de la chambre, et on le laisse réduire d'environ le quart. Quand cette réduction est opérée, on éteint le feu en couvrant le vase avec un linge mouillé ou un couvercle (*voy*. n° 13 à la fin). Quand le soufre commence à redevenir liquide, on

ajoute, en différentes fois, la poudre de charbon, en remuant toujours pour opérer le mélange. Si on la mettait dans le soufre allumé, elle se réduirait en cendre, et ne donnerait qu'une teinte grise. On remet le vase sur le feu, et l'on continue à remuer, jusqu'à ce que le mélange soit bien fait, que la matière ne s'enfle plus, et ne forme plus d'écume. On le laisse revenir à un bas degré de chaleur ; on vérifie l'intensité de la teinte, qu'on rend plus ou moins foncée par une addition de poudre de charbon ou de soufre jaune, qu'on a soin de bien mélanger.

La proportion de un quart en volume de soufre et trois quarts de poudre de charbon, donne une couleur, non pas noire, mais d'un gris foncé, qu'on rend noir, avec la plus grande facilité, par le procédé indiqué n° 56.

21. Il faut se garder d'employer le noir de fumée au lieu de charbon ; car, loin de donner de la solidité au soufre, il le rend extrêmement cassant, au point que les médailles éclatent et se brisent d'elles-mêmes, sans être touchées, et qu'on ne peut pas les couper au sortir du moule, tandis que le soufre mélangé avec du charbon se coupe aussi facilement que du savon, même une heure après le moulage, ce qui donne de la facilité pour l'achèvement des médailles dont on veut faire des collections ou des tableaux. (*Voy.* n° 32.)

§ V. *Couleur bronze ou brune.*

22. Prenez (en volume)
3 parties de soufre brûlé (n°ˢ. 15 et 20),
Demi-partie de poudre fine de charbon passée au tamis de soie,
Demi-partie de cendre verte ou de craie rouge, aussi passée au tamis de soie.
Ou bien :
3 parties de soufre brûlé (n° 20).

1 partie de bistre ou de brun rouge , pulvérisé très-fin , et passé au tamis de soie.

Vous ferez le mélange , comme il est prescrit au nº 20 , et vous coulerez vos tablettes sur les plaques de ferblanc huilées (nº 17).

Le soufre fondu étant liquide comme de l'eau , et les couleurs minérales et la craie étant beaucoup plus pesantes que le soufre , à volume égal , il en résulte qu'une grande partie de ces couleurs se précipite au fond du vase , parce que leur mélange n'est pas assez intime avec le soufre. Pour éviter cet inconvénient , il faut , à chaque médaille que l'on coule , avoir soin de remuer le mélange , pour que , du commencement à la fin , la teinte soit égale , ce qui est assez difficile à obtenir.

23. Pour ménager le soufre de couleur , quand on coule les médailles , on aura , dans un second vase , du soufre non coloré. On verse d'abord sur le moule autant de soufre coloré qu'il en faut pour faire la médaille , puis , une seconde ou deux après , on le renverse dans le vase; de sorte qu'il n'en reste sur le moule qu'une légère couche. On achève alors en coulant du soufre jaune. A cet effet , comme aussi pour faire les soufres *rouge, noir* et *brun,* mais non le *vert,* on achète les fonds de caisse que les marchands vendent moins cher que le soufre fleuron ou le soufre ordinaire en canons. Les fonds de caisses sont aussi bons , et on les purge des ordures qu'ils contiennent , en écumant le soufre , quand il est fondu , si elles sont plus légères que lui ; et , en le décantant , si elles sont plus pesantes.

24. On peut obtenir d'autres couleurs que celles dont nous venons de parler , au moyen d'autres mélanges ; mais on n'emploie guères que le *jaune* , le *vert* , le *noir* et le *bronze.*

~~~~~~

CHAPITRE V.

MANIÈRE DE COULER LES MÉDAILLES EN SOUFRE SUR LES
MOULES EN PLATRE, NON PASSÉS A L'HUILE LITHAR-
GIRÉE, ET D'IMITER LES CAMÉES.

§ Ier. *Du moulage des médailles d'une seule couleur.*

25. De quelque couleur que soit le soufre dont on
veut se servir, il faut le faire fondre avec les précautions indiquées au n° 13. Cependant elles ne sont essen-
tielles que pour les soufres *citron*, *vert* et *rouge ;* pour
les autres couleurs, on peut le faire fondre plus vite,
en augmentant le degré d'intensité du feu.

26. Pendant que le soufre se liquéfie, on prépare
ses moules. Comme ceux dont on va se servir ne sont
point durcis avec l'huile lithargirée, on ne peut les huiler, parce que l'huile s'imbiberait de suite dans le plâtre (26 *a*) et qu'en coulant le soufre il s'attacherait aux
moules et les perdrait, ce qui causerait des regrets, si
l'on n'en avait pas de doubles ou qu'on ne pût se procurer les médailles pour en faire de nouveaux. Voici donc
comment on procède à leur préparation.

On en place quatre ou cinq, au plus, dans une assiette
où il y a de l'eau pure, mais pas en assez grande quantité pour qu'elle couvre la surface des moules, ce qu'il
faut éviter soigneusement. On les laisse s'imbiber d'eau
jusqu'à ce qu'il semble apercevoir à leur surface une es-

(26 *a*) Voir cependant ci-après le n. 42, et la note 38, dernier
alinéa.

pèce de crème (*b*). Alors ils sont prêts à recevoir le soufre.

27. Pour qu'il soit au degré de chaleur convenable pour être coulé, il faut qu'à environ 5 millim. d'épaisseur il se durcisse quelques secondes après qu'il a été versé sur ce moule, ce qu'on vérifie par quelques essais (27).

28. Le soufre étant à l'état convenable, on entoure un des moules d'une petite bande de carton ou de fort papier passée à l'huile lithargirée (28 *a*), sans qu'il soit besoin de la fixer avec du pain à cacheter ou du fil, si ce n'est pour les médailles d'un grand module. On

---

(*b*) On saisira facilement le point où la médaille est convenablement mouillée, en observant avec attention les progrès de l'imbibition de l'eau dans le plâtre. Au bout de quelques secondes d'immersion, l'humidité a déjà pénétré les bords de la médaille, ce qui se manifeste par un changement de couleur du plâtre, tandis que le milieu et les parties les plus en relief conservent encore leur couleur primitive. Insensiblement l'eau gagne toutes les parties qui n'étaient pas encore pénétrées, et c'est au moment précis où cette pénétration achève d'être complète, et la couleur de la médaille uniforme, qu'il faut retirer celle-ci de l'eau. On la placera alors hors de l'eau, sur les bords de l'assiette, en attendant qu'on soit en mesure de couler le soufre.

Nous avons cru devoir entrer dans quelques détails, pour indiquer d'une manière précise le degré d'imbibition que doit avoir le plâtre ; car s'il était trop mouillé, la médaille n'ayant plus assez de consistance, se détacherait en morceaux ; et, s'il ne l'était pas assez, elle adhérerait infailliblement au soufre, et le modèle serait complètement perdu.

Dans la crainte de laisser passer le point convenable pour mouiller les médailles, il sera convenable de n'en mettre tremper que deux ou trois à la fois. Si l'on perd un peu de tems par ce moyen, on le regagnera amplement par la perfection des modèles obtenus, et qui nécessiteront très rarement une refonte.

(27) On peut fixer comme règle invariable, que moins le soufre est chaud, plus on a de chances d'obtenir une épreuve parfaite. Le soufre est toujours assez chaud tant qu'il se maintient liquide. Un moyen infaillible de ne jamais couler trop chaud, est d'attendre, lorsque le soufre est retiré du feu, le moment où il se forme à sa superficie une espèce de cristallisation, sous la forme de croûte légère. *Voyez*, n. 43, les inconvéniens qui résultent d'un excès de chaleur.

(28 *a*) Voir la note 5 pour les entourages en métal. Voir aussi la note 7 *b*.

tient ce moule entre le pouce et le premier doigt de la main gauche, l'un desquels contient la bandelette; on a soin d'écarter les trois autres, crainte de se brûler en répandant du soufre (b). On en prend (dans une cuiller de fer mince, huilée pour qu'il s'y attache moins fortement et toujours près de la surface, où il est le moins chaud) la quantité nécessaire pour donner à la médaille une épaisseur convenable. On le verse d'une seule fois, sans trop de précipitation, en ayant soin, par un mouvement de la main, de lui faire couvrir le moule promptement. Sans cette précaution, il y aurait sur la médaille de petites lignes qui paraîtraient comme un cheveu très-délié, et feraient croire que la médaille est fendue. Il faut surtout tâcher que ce soit le plus près possible du bord que la surface du moule disparaisse enfin, parce que, si les bords étaient couverts les premiers, cela occasionnerait infailliblement une soufflure qui ferait remettre la médaille au creuset (c). On pose, presque de suite, le moule sur une table ou un plan bien horizontal, pour que la médaille ait partout une égale épaisseur, et sans crainte que la bandelette se détache.

On coule de suite sur les autres moules imbibés d'eau, et on lève ensuite les médailles, qui se détachent très facilement du moule, en commençant dans le même ordre que celui où elles ont été coulées.

Les premières épreuves doivent être remises au creuset, parce qu'elles ne sont jamais belles, du moins parce qu'elles le sont bien rarement, surtout s'il y avait sur les moules de la poussière, que ce premier moulage enlève. Il ne sert donc qu'à préparer les moules, qu'il rend très-nets.

(b) S'il arrivait qu'on répandît du soufre en fusion sur ses doigts, il faudrait l'enlever avec la rapidité de l'éclair, pour éviter d'être brûlé. Au reste, on ne se brûlera jamais jusqu'à la douleur, si l'on observe ce qui est dit dans la note 27.

(c) Il faut avoir soin, pour obtenir cet effet, de verser le soufre vers le milieu, et sur la partie la plus saillante de la médaille.

On procède de même la seconde fois, sans les mouiller; mais si l'on veut plusieurs épreuves des mêmes médailles, il faut, surtout si les moules sont en plâtre de Paris, les tremper de nouveau dans l'eau, sans les y laisser, autrement à la troisième coulée le soufre risquerait de s'y attacher et de les perdre. Puis on continue à couler sur d'autres moules, en les préparant comme les premiers, et l'on enlève les médailles en commençant par les premières faites.

29. Si l'on tient à ménager le beau soufre fleuron ou ceux de couleur, on fera comme il est dit n° 23.

30. S'il se trouvait de l'eau en gouttes sur la surface du moule, ce qui arrive assez souvent lorsqu'on vient d'en séparer la médaille, ou lorsqu'on l'a laissée trop longtems dans l'eau, on la laisserait rentrer dans le plâtre, ce qui se fait assez promptement, ou bien l'on soufflerait sur le moule pour la faire partir par les bords. Mais, on le répète, il ne faut jamais couler dans les moules sur lesquels il paraît de l'eau : on n'obtiendrait que de très mauvaises épreuves.

31. Que l'on coule du soufre soit sur du plâtre durci à l'huile lithargirée, soit sur du plâtre pur, soit sur du métal, si la médaille est grande et qu'elle offre beaucoup de relief, on aura toujours la précaution de verser en une seule fois, sur le moule, la quantité de soufre nécessaire pour couvrir le fond, en l'aidant par un mouvement de la main à s'étendre promptement, pour éviter les inconvéniens dont on a parlé dans le n° 28.

Il faut aussi, dans le même cas, reverser le soufre dans le vase presque immédiatement (31), de manière

_____

(31) C'est toujours une sage précaution d'en agir ainsi dans tous les autres cas.

Lorsque l'on coule des creux en soufre, ou des moules qui devront ensuite être doublés en plâtre pour les consolider, suivant ce qui est prescrit note 42, il faudra disposer les *clés* en plâtre immédiatement après avoir coulé la première couche de soufre. De cette manière, ces clés se trouveront scellées plus solidement dans la masse de soufre.

à n'en laisser sur le moule qu'une couche mince. Autrement on risquerait de le voir s'attacher au plâtre. Il vaut mieux, pour éviter cet inconvénient, qui causerait la perte du moule, couler à deux, trois, quatre et même cinq reprises, jusqu'à ce qu'enfin la médaille ait l'épaisseur que l'on désire.

32. A mesure qu'on moulera les médailles, on coupera derrière la portion de soufre qui excède le fond vers les bords et s'élève autour du carton, afin de rendre le derrière uni. En retardant cette opération elle devient plus difficile et se fait moins bien, et l'on risque de briser les médailles. (*Voy.* n° 21 à la fin.)

33. On placera et fera sécher les moules de la manière indiquée au n° 10.

§ II. *Manière d'imiter les camées.*

34. Voici une manière d'imiter les camées, c'est-à-dire les pierres taillées dont le relief est d'une couleur et le champ d'une autre. Ce procédé ne doit s'employer que pour des figures qui ont beaucoup de relief, et d'un module assez grand pour qu'on puisse, sans trop de difficulté, détacher la figure du fond.

On coule comme il a été enseigné n°⁵ 26 et suivans, en ne donnant au fond que l'épaisseur convenable pour qu'on puisse enlever la médaille. Au fur et à mesure du moulage, un aide, ou soi-même, dès que les médailles sont levées (*Voy.* pourquoi, n° 21 à la fin), l'on découpe les figures, c'est-à-dire qu'on enlève le fond de la médaille avec un canif ou un autre instrument qui coupe bien, en ayant le plus grand soin de ne pas toucher au relief, et cependant de ne rien laisser du fond, ce qui ferait, quand la médaille serait achevée, une bigarrure fort désagréable à l'œil. Cette opération faite, on replace le relief dans son moule, qu'on mouille, s'il paraît en avoir besoin, et l'on coule, pour former le fond, du soufre d'une autre couleur que celui de la figure.

On peut varier les couleurs à son gré, donner aux figures une teinte foncée, et aux champs une teinte claire, et réciproquement. L'auteur de cet ouvrage a fait, de cette manière, une collection magnifique des hommes illustres grecs et romains, d'après les pierres gravées du cabinet du roi.

Mais, pour bien réussir, il faut, on le répète, découper les figures le plus tôt possible, et fondre les fonds sans retard, soit pour éviter la cassure des figures, soit le retrait, très peu sensible à la vérité, qu'éprouve le soufre en refroidissant, mais qui empêcherait la figure de bien joindre dans le moule.

35. Il n'est pas besoin de dire que, quand on veut obtenir des creux en soufre sur des médailles en plâtre non préparées à l'huile siccative, il faut suivre les procédés qui viennent d'être tracés dans ce chapitre.

CHAPITRE VI.

—

PRÉPARATION DE L'HUILE SICCATIVE OU LITHARGIRÉE, ET MANIÈRE DE DURCIR LES MOULES AVEC CETTE HUILE, POUR Y COULER DU SOUFRE OU DU PLATRE.

36. L'huile siccative ou lithargirée dont on se sert pour durcir les moules en plâtre, se prépare ainsi. On prend :

    1 » kilogramme d'huile de lin,

    13 hectogrammes de cire blanche,

    25 hectogrammes de litharge d'or en poudre fine.

On met la litharge dans un linge qu'on noue et qu'on tient suspendu dans le vase ; on fait bouillir ce mélange dans une marmite ou un vase de terre vernissé, pendant une heure ou deux, en ayant soin de remuer souvent pour empêcher l'huile de noircir. On enlève l'écume jusqu'à ce qu'elle devienne rare ; on laisse reposer le mélange, qui s'éclaircit au bout de quelques jours. Alors on verse l'huile dans des bouteilles qu'on bouche avec soin, et plus elle devient vieille, meilleure elle est.

37. Quand on veut se servir de cette huile pour durcir des moules en plâtre, on en verse dans un vase de terre vernissée peu profond, et qui présente une grande surface, afin qu'on puisse préparer un plus grand nombre de pièces ; on la fait chauffer sur un feu doux, au-dessous du degré de l'ébullition. On a une espèce de gril en fer maillé ou à quadrille, assez serré pour que les pièces ne puissent passer au travers, et garni de deux anses et de pieds d'environ 7 ou 9 millimètres de hauteur, afin qu'il ne touche pas le fond du vase. On place les moules sur ce gril, après les avoir fait chauffer jusqu'à environ 80 degrés centigrades, afin que la chaleur n'altère pas la force du plâtre et pour qu'il s'imbibe mieux d'huile. On met le gril dans le vase où est le liquide, de manière que les pièces en soient couvertes. Quand on juge qu'elles sont assez imbibées, on retire le gril, on laisse épurer ; ensuite on le passe, garni de ses pièces, sur le brasier, pour faire pénétrer la composition qui peut se trouver sur la surface qui porte les empreintes. On produit le même effet, en essuyant avec un linge le dessous des médailles, ce qui serait plus long. On réitère l'immersion jusqu'à ce que le plâtre soit saturé d'huile et qu'il n'en absorbe plus. Par ce moyen, les creux ou reliefs conservent toutes les finesses de la gravure aussi bien que s'ils n'avaient pas été passés à l'huile.

38. On peut aussi, avec un pinceau doux, passer la composition sur les pièces chauffées au degré indiqué ;

mais cette manière a l'inconvénient d'être trop longue, et d'opérer sur le plâtre un frottement qu'il n'éprouve pas par la simple immersion dans le liquide, et qui, quelque léger qu'il soit, ne laisse pas d'altérer les surfaces. Cette méthode ne convient que pour les grandes pièces, dont le travail, moins délicat que celui des médailles d'un module ordinaire, craint moins le frottement.

Dans les deux cas, il faut avoir soin qu'il ne reste sur la surface des pièces aucune portion d'huile qui ne serait pas imbibée, ce qui formerait des épaisseurs qui en altéreraient le travail. On y parvient en présentant devant un feu clair ou sur un brasier, comme on vient de le dire, la surface opposée à celle qui se trouve trop huilée.

Les pièces ainsi préparées*, on les fait sécher avec les précautions indiquées, n° 10. Si l'on peut les placer au soleil, cela sera plus avantageux en ce que la dureté du plâtre ne s'altérera pas. Il faut aussi les garantir de la poussière (38).

(38) Nous ne devons pas dissimuler que l'emploi de l'huile siccative composée suivant la formule indiquée par l'auteur au n. 36, présente plusieurs inconvéniens. D'abord elle nécessite l'usage de plusieurs ustensiles, tant pour sa préparation que pour son application. Ensuite, comme il est nécessaire que les plâtres en soient complètement imbibés, on ne laisse pas que d'en employer une certaine quantité, lorsqu'il faut pénétrer des médailles ou bas-reliefs d'une grande dimension. Enfin, quelque secs que soient les moules imprégnés d'huile lithargirée, la chaleur du soufre ne manque pas de rappeler, à la surface du modèle, une certaine quantité de cette huile ; ce qui nuit souvent à la netteté du moule en soufre obtenu. On est en outre obligé d'attendre que l'huile soit rentrée dans le plâtre, pour couler une seconde épreuve.

Nous allons indiquer un autre moyen de huiler les modèles en plâtre, qui est à la fois plus économique, plus simple et plus expéditif. Il consiste à employer à cet usage l'huile siccative des peintres, connue sous le nom d'huile grasse. Ce procédé est généralement adopté par tous les mouleurs de profession. Quoique cette huile se trouve partout à vil prix, voici la formule pour la faire soi-même :

Huile de lin...... 1 kilogramme.
Litharge .... 0,60 grammes.

CHAPITRE VII.

———

§ 1er *Moulage en soufre.*

39. Il faut d'abord nettoyer les modèles de la manière indiquée n° 6, s'ils en ont besoin, et ensuite les
huiler comme on l'a dit au commencement du n° 7.
Cette dernière préparation se fait lorsque le soufre est au
degré de chaleur convenable pour être coulé, de crainte

Céruse calcinée, .. 0.60 grammes.
Terre d'ombre et talc ,60 grammes.

Faites bouillir le tout pendant deux heures sur un feu doux, écu-
mez avec soin, mettez ensuite dans des bouteilles exactement bou-
chées, pour éviter la dessiccation de l'huile.

Le principal avantage de l'huile *grasse* consiste en ce qu'une
petite quantité sature promptement le plâtre, sur lequel elle forme
une couche complètement imperméable, et qui ne peut plus désormais reprendre sa fluidité. Il n'en résulte aucune épaisseur ni altération sur les traits de la gravure, si l'on prend toutes les précautions que nous allons indiquer.

On se procurera, chez un marchand de couleurs, la meilleure
huile grasse que l'on pourra trouver. Elle doit être d'une couleur
brune, un peu visqueuse et d'une odeur pénétrante. On fera chauffer
les plâtres, bien séchés à l'avance, sur une plaque de tôle placée
sur un feu très doux et modéré par des cendres, ou sur un bain
de sable. Lorsqu'ils seront parvenus à environ 90 degrés centigrades,
on prendra la médaille d'une main, et on la maintiendra avec un
chiffon, pour ne pas se brûler. On aura dans l'autre main un
tampon de coton imbibé d'huile grasse, et on s'en servira pour
appliquer sur le sujet une première couche d'huile grasse, qui
pénétrera promptement dans le plâtre. Aussitôt que cette première
couche sera sèche, ce qui a lieu presqu'instantanément, on en appliquera une seconde, puis une troisième, et ainsi de suite, jusqu'à
ce que le plâtre refuse d'absorber l'huile. A chaque nouvelle couche
qu'on appliquera, on chauffera de nouveau la médaille, et on attendra que la couche précédente soit bien imbibée. On reconnaîtra

que l'huile ne se couvre de la poussière répandue dans l'atmosphère. *Voyez* n° 13, la manière de fondre le soufre (39).

40. Quand il est au degré de chaleur indiqué n° 27, on prend un creux ou un relief (suivant ce qu'on a à

qu'on est parvenu à la saturation du plâtre, lorsqu'on verra l'huile, malgré l'application de la chaleur, rester fluide à la superficie de la médaille. On se hâtera alors d'enlever l'excédant d'huile avec un tampon de coton sec, dont on frottera légèrement le plâtre, pour ne pas altérer les empreintes. Sans cette précaution, l'huile qui n'a pas été absorbée par le plâtre, se desséchant promptement à sa superficie, formerait sur la gravure une épaisseur qui empâterait les traits et les altérerait. Il faudra, dans le cours de l'opération, remettre plusieurs fois le plâtre sur le feu, pour le maintenir à une température qui facilite l'absorption de l'huile. Il sera également bon de faire chauffer l'huile pour l'appliquer.

On ne devra point omettre d'imbiber aussi d'huile grasse la tranche de la médaille, si l'on veut éviter que le soufre, qui déborde toujours un peu entre la bande d'entourage et le plâtre, n'adhère à ce dernier.

La couleur que prend le plâtre imbibé d'huile grasse, ne peut, en aucune façon, servir de guide pour connaître si l'on est parvenu à la saturation. Quelques plâtres absorbent beaucoup d'huile et prennent une couleur qui va jusqu'au blond foncé ; d'autres, par une bizarrerie que rien ne peut expliquer, restent toujours presque blancs, quelle que soit la quantité d'huile grasse dont on les imprègne. Enfin, ces différentes nuances se rencontrent souvent, en forme de marbrures, sur le même plâtre. Quelle que soit donc l'intensité de la couleur obtenue, le plâtre est saturé, lorsqu'il refuse d'absorber et de sécher l'huile.

Il est bien entendu que, lorsqu'on voudra couler du soufre sur des modèles durcis à l'huile grasse, on devra préalablement y passer une couche d'huile d'olive, ainsi que cela est prescrit n°s 7 et 39.

On peut encore couler des moules en soufre sur des modèles imprégnés d'huile d'œillet. On les imbibera de cette huile, en les y faisant tremper, comme on l'a dit pour l'eau, n. 26 et note 26 b. Lorsque le plâtre sera entièrement traversé, on essuiera l'excédant d'huile, on laissera sécher quelques jours le modèle, et quand on voudra y couler du soufre, on n'oubliera pas d'y passer une couche d'huile d'olive. Ce dernier procédé, indiqué par l'auteur au n. 42, mais trop succinctement, méritait une explication plus complète ; cependant on ne doit l'employer qu'à défaut des deux précédens.

(39) Nous devons prévenir le lecteur, qu'il est presque impossible de couler des moules en soufre sur des modèles en métal, sans s'exposer à de graves inconvéniens. C'est ainsi qu'il est très fréquent de voir les médailles de bronze complètement débronzées ou

mouler) nettoyé et huilé, puis on coule en suivant
exactement ce qui est prescrit au n° 28. Mais ici l'on
peut conserver la première épreuve, qui est aussi belle
que les suivantes. A chacune de celles qu'on coule,
il faut avoir soin d'huiler de nouveau le modèle.

On emploiera les précautions indiquées n°ˢ 31 et 32;
et si l'on veut ménager le beau soufre fleuron ou les
soufres de couleurs, on agira comme on l'a dit au n° 23.

41. Presque aussitôt que le soufre est parvenu à l'é-
tat solide, on enlève le tour de papier ou de carton,
et ensuite l'objet qu'on a moulé.

Si l'on a plusieurs sujets à couler, on en fera jusqu'à
quatre et même un plus grand nombre et on lèvera les
empreintes, en commençant par les premières faites.

42. On peut, dans les saisons froides ou humides,
se dispenser, pour les médailles du module de 55 millimètres et au-dessous, d'huiler les modèles en métal,

profondément noircies par le contact du soufre. Cette altération va
même quelquefois jusqu'à nuire aux traits de la gravure. Cet effet
désastreux est encore plus sensible sur les médailles d'argent,
que le soufre noircit d'une manière très intense ; et quoique les
médailles d'or soient moins attaquables par l'acide sulfureux, il
ne faut pas moins les repolir après l'opération, ce qui altère
toujours un peu la finesse des traits. Or, comme il arrive souvent
qu'on doit à la complaisance de ses amis, la plupart des médailles
en métal que l'on a à mouler, on comprend combien il serait
désagréable de les leur rendre altérées ; et ils se refuseraient avec
raison à faire de nouveaux prêts, s'ils couraient le risque de voir
gâter une collection souvent précieuse.

En conséquence, nous avons dû rechercher, et nous indiquerons,
dans un troisième paragraphe ajouté à ce chapitre VII, les moyens
d'obtenir, *en relief* et en plâtre, l'empreinte également en relief
d'une médaille en métal, sans recourir au moulage en soufre.

Si cependant, malgré les observations qui précèdent, et qui sont
justifiées par l'expérience, on tenait à couler du soufre sur des médailles en métal, nous recommanderons instamment : 1° de couler le
soufre le moins chaud possible (*voyez* n. et note 27, n. 43) ; 2° de
mettre tremper la médaille, dans un vase où il y aura un peu
d'eau, aussitôt qu'on y aura coulé le soufre. Par ce moyen) le métal
ne s'échauffera pas, et le soufre s'en détachera plus facilement.

S'il arrivait que le bronzage d'une médaille fût noirci ou enlevé,
on la rebronzera suivant la méthode indiquée à la fin du volume,
dans le traité de galvanoplastie n° 170.

surtout s'ils sont épais : on se contente de les humecter avec l'haleine, et l'on verse aussitôt le soufre, afin que l'humidité ne s'évapore pas, autrement il s'attacherait au modèle. On peut, mais avec bien des précautions, couler de cette manière sur les moules en plâtre passés à l'huile ordinaire. Pour cela il ne faut couler que de 3 millimètres d'épaisseur au plus. Si ce sont des creux qu'on a à couler, comme il faut (pour placer facilement la bande de carton quand on veut mouler), que les moules aient au moins 9 millimètres d'épaisseur, on coulera du plâtre derrière les moules en soufre, en prenant la précaution d'employer du plâtre faible, c'est-à-dire qui prend lentement, et une heure, au plus tard, après qu'ils auront été moulés, autrement le plâtre les ferait fendre (42).

43. Si l'on coulait le soufre trop chaud, il en résulterait deux inconvéniens : le premier, c'est que le creux ou relief qu'on aurait voulu avoir en soufre serait cou-

(42) Nous avons déjà dit, note 31, qu'il était à propos de doubler en plâtre tous les moules en soufre que l'on fera. Nous insistons sur ce point, parce qu'il offre de nombreux avantages : économie de soufre, puisque les moules peuvent alors n'avoir qu'une couche de 4 à 6 millimètres de cette matière, et que l'excédant d'épaisseur du moule est alors fait en plâtre ; diminution de fragilité, parce que la couche de plâtre consolidera beaucoup le soufre, et le rendra moins sensible à l'influence de la chaleur qui souvent le fait casser quand on le tient dans la main. Cet effet de consolidation est dû à la différence de dilatation du soufre et du plâtre dont le premier se retire et l'autre se dilate après qu'ils ont été coulés ; il résulte donc, de l'assemblage de ces deux matières, une espèce de compensateur, qui rend le soufre beaucoup plus solide ; plus grande facilité pour l'entourage, car n'ayant plus à tenir compte de la dépense du soufre, on pourra donner aux moules toute l'épaisseur nécessaire ; enfin, possibilité de ranger les moules les uns au-dessus des autres, ce qui permettra de ménager beaucoup l'espace lorsqu'on serrera les moules après s'en être servi. Cette disposition des moules les uns au-dessus des autres, les préservera de la poussière qui ne manquerait pas de s'y attacher ; et l'on n'aura point à craindre que cette superposition altère en rien les dessins, puisqu'une couche de plâtre reposera toujours sur la surface en soufre qui porte l'empreinte gravée du moule.

Pour plus d'économie, on pourra doubler les moules avec du plâtre à bâtimens, passé grossièrement au tamis de crin. On em-

*

vert de soufflures, et ne serait pas brillant; et le second, plus grave, c'est que le soufre pourrait s'attacher
tellement au modèle qu'on ne pourrait l'en détacher;
que le modèle en plâtre serait perdu, et que, s'il était
en métal, il serait oxidé par la trop grande chaleur du
soufre, qu'il faudrait faire fondre sur un brasier, et
qu'on enleverait, en essuyant la médaille ou le moule
avec un linge, pendant que le soufre serait en fusion,
jusqu'à ce qu'il n'en restât plus. On aura soin de la
bien essuyer, suivant l'indication du n° 6.

On pourra aussi, sur ces moules, couler des médailles en soufre imitant les camées, en suivant le
procédé indiqué n° 34.

§ II. *Moulage en plâtre sur les moules en métal ou en
plâtre durcis à l'huile siccative.*

44. Pour mouler des creux ou des reliefs en plâtre

ploiera aussi à cet usage tous les résidus, et même le plâtre éventé
qu'on pourrait avoir, mais en mélangeant ce dernier avec moitié
de plâtre neuf et bien vif.

Il est de la plus grande importance que ces doublures soient faites
le plus tôt possible après que le soufre aura été coulé, surtout pour
les sujets d'une grande dimension; si l'on attendait trop long-tems,
le plâtre, en prenant, ferait certainement éclater le soufre.

Quelque facilité qu'ait le plâtre pour adhérer aux moules en
soufre, pour éviter qu'il ne puisse jamais s'en séparer, il sera nécessaire, lorsqu'on coulera le soufre, d'y sceller d'avance plusieurs
clés en plâtre. Ces clés se composent tout simplement de quelques
fragmens de médailles en plâtre, de rebut, que l'on cassera à cet
effet, et que l'on disposera sur la première couche de soufre ainsi
que nous l'avons déjà dit (note 31). Au moyen de ces clés, la dou-
blure de plâtre se trouvera solidement fixée au soufre, avec lequel
elle ne fera qu'un seul corps, et leur cohésion réciproque sera parfaite.

Il arrivera souvent qu'on s'apercevra qu'une épreuve en soufre
est mauvaise et ne peut être conservée, lorsque déjà les clés en
plâtre y sont scellées. Il ne faut pas craindre alors de remettre
l'épreuve avec ses clés dans le soufre fondu; la fusion du soufre
détachera facilement les morceaux de plâtre qui, à cause de leur
légèreté, viendront surnager à la surface du vase. On les retirera
alors facilement et d'une seule pièce; tandis que si on essayait de
les arracher sans fondre la médaille, leur rupture inévitable
occasionerait, en les remettant au creuset, une foule de petites
miettes de plâtre, qui saliraient le soufre, et nuiraient à la pureté
des empreintes.

sur des moules en métal ou en plâtre durcis à l'huile lithargirée, il faut se conformer exactement à tout ce qui est prescrit dans le chapitre III, depuis le n° 6 au n° 12 inclusivement. Nous renvoyons donc à ce chapitre, pour éviter des redites inutiles.

§ III. *Moulage plâtre sur plâtre, sans huiler les modèles et sans altérer leur blancheur.*

44 *bis*. Il est souvent utile de pouvoir mouler plâtre sur plâtre, lorsqu'on veut transformer un relief de plâtre en un creux de même matière *et vice versâ*. On emploie ce moyen 1° pour éviter d'altérer les médailles en métal en y coulant du soufre; 2° pour obtenir des moules en creux ou en relief destinés à être recouverts de cuivre par le procédé galvanoplastique; 3° pour faire le *double moule* en creux et en bosse, qui sert à estamper le papier et le carton suivant la méthode indiquée page 64.

Supposons d'abord qu'on veuille avoir le *relief* en plâtre d'une médaille en bronze, on commencera par prendre un creux en plâtre sur cette médaille; en se conformant, ainsi qu'on l'a dit dans le § II qui précède, aux n° 6 à 12. Ce moulage n'altérera en rien le métal; et l'on aura ainsi un creux en plâtre, qui servira lui-même de moule au relief qu'il s'agit d'obtenir en définitive. On le laissera sécher pendant une heure ou deux. Au bout de ce tems, on préparera une forte dissolution de savon blanc *sans veines*; puis, avec un pinceau de blaireau, on passera, successivement et presque coup sur coup, trois ou quatre couches de cette dissolution sur le creux en plâtre. Peu importe que l'eau de savon produise sur la surface du moule des bulles ou de la mousse. On entourera alors le moule avec une bande de toile cirée, puis on gâchera le plâtre (n° et note 4); mais avant de le couler, on appliquera une dernière couche d'eau de savon. On soufflera fortement sur le moule, et sur les parois intérieures de la bande, afin de faire disparaître la mousse qui pourrait s'y être formée. Puis, sans perdre de tems, on coulera le plâtre, en le faisant pénétrer dans toutes les cavités du moule, au moyen d'un pinceau, comme on le recommande n° et note 7 *a*. On sassera ensuite le plâtre, en frappant long-tems et à petits coups sur la table, pour faire sortir toutes les bulles d'air ou de savon que pourrait contenir le plâtre.

Au bout d'une demi-heure, plus ou moins, suivant la température, on ôtera l'entourage, on ébarbera les tranches du moule et du sujet, et on essaiera, en se conformant exactement à la note 7 *c*, si la médaille veut se détacher de son moule. Dans le cas où elle résisterait, il faut bien se garder de forcer, et on doit remettre sécher le moule et la médaille jusqu'à ce qu'ils se détachent sans efforts. Si l'on s'avisait de les séparer de force, on serait presqu'assuré de voir quelques portions du moule ou de la médaille adhérer l'un à l'autre; l'opération serait manquée et le moule perdu. Il vaut mieux s'armer de patience et attendre le point où le savon, redevenu sec, ne s'oppose plus à la séparation des deux objets. Il nous est arrivé quelquefois, par un tems humide, de ne pouvoir séparer les médailles qu'un jour ou deux après qu'elles avaient été coulées; mais, dans presque tous les cas, elles se détachent facilement au bout d'une heure au plus.

Une fois le relief obtenu, on pourra s'en servir pour y couler un moule en soufre, et l'on aura ainsi évité l'inconvénient de couler le soufre directement sur la médaille en métal dont on veut avoir l'empreinte, inconvénient signalé dans la note 39.

Nous engageons fortement les lecteurs à user souvent de cette manière de mouler. Ils seront étonnés de la beauté et de la netteté des médailles ainsi obtenues,

le savon formant à leur surface une espèce de vernis
durable qui leur donne beaucoup d'éclat. Malheureu-
sement, le moule en plâtre ne peut donner qu'un petit
nombre de bonnes épreuves, à moins qu'on ne le fasse
en plâtre durci. Il sera beaucoup plus avantageux de
faire avec ce dernier plâtre les moules qui devront servir
à la galvanoplastie. Le plâtre durci réussit au savon aussi
bien que le plâtre ordinaire, seulement il faut le gâcher
de la manière qui lui est propre (n° 4 bis).

CHAPITRE VIII.

MANIÈRE DE COLORER LE PLATRE, D'EN FAIRE DES MÉDAILLES DE DIVERSES COULEURS ET DE LES RENDRE BRILLANTES.

§ Ier. *Coloration du plâtre.*

45. Les médailles en plâtre non coloré sont toujours
les plus belles; elles rendent plus sensibles à la vue la
délicatesse du travail, et ont, sur celles de couleur,
l'avantage de porter ou de réfléchir les ombres. Mais
lorsqu'elles ne sont pas sous verre, elles risquent de
s'altérer par le frottement, et les personnes qui n'ont
pas l'habitude d'en tenir, ne manquent jamais de les
prendre par le dessus et par le dessous, au lieu de les
tenir par le tour. Pour qu'elles ne soient pas exposées
à cet inconvénient, quelques personnes les préfèrent en
soufre, qui ne craint pas le frottement. On peut aussi
durcir celles de plâtre, en même tems qu'on les colore,
ou leur conserver leur blancheur, sans les altérer, et

leur donner en même tems une grande dureté, comme
on le verra ci-après.

On ne donne guères aux médailles en plâtre que la
couleur brune ou bronze. Cependant l'on peut, pour
des plâtres de grandes dimensions, faire la figure et le
fond d'une couleur différente ; par exemple, conserver
les figures blanches et faire les fonds nankin, bleu, noir
ou brun ; ou bien donner aux figures une couleur foncée
avec un fond blanc, nankin ou bleu céleste. On peut
rendre les médailles brillantes ou les laisser mates. Nous
allons d'abord indiquer la manière de procéder à la colo-
ration du plâtre.

Couleur brune et nankin.

46. Quand on ne veut pas conserver au plâtre sa
blancheur, la couleur brune ou bronze est celle qu'on
doit préférer pour les médailles du module de 54 à
81 millimètres et au-dessous, parce qu'elle leur donne,
quand on les a polies, le véritable aspect du bronze.
Elle convient en général aux médailles de toutes grandeurs. La meilleure manière de colorer les plâtres, est
d'y mélanger la couleur avant le moulage (46).

Pour avoir une couleur brune, on mélangera au plâtre, avant de mouler, un huitième en volume de couleur dite rouge brun, passée au tamis de soie, ou bien
écrasée sous la molette. Après avoir préparé les moules,
comme il est dit n° 6, on délaie d'abord le rouge dans
une petite quantité d'eau ; l'on y ajoute ensuite l'eau
qui paraît nécessaire, puis du plâtre passé au tamis de
soie ; l'on gâche clair, jusqu'à ce que le mélange soit

---

(46) On peut encore obtenir cette belle couleur nankin, si esti-
mée dans les plâtres d'Italie, en mélangeant au plâtre un quart ou
un tiers en volume d'ocre jaune, réduit en poudre impalpable et
passé au tamis de soie. On met plus ou moins d'ocre jaune, suivant l'intensité de la teinte qu'on veut obtenir, mais il est entendu
que ce mélange devra être intimement fait avant de gâcher le
plâtre.

bien opéré, et l'on moule en prenant les précautions indiquées n° 7. On se conforme pour le surplus, aux n°s suivans.

Si l'on veut ménager le plâtre de couleur, particulièrement pour les grandes pièces, on se contentera d'en former une légère couche sur les moules, et l'on achèvera avec du plâtre ordinaire passé au tamis de soie.

Le mélange du rouge avec le plâtre dans la proportion qu'on vient d'indiquer, donne, étant fraîchement coulé, une couleur brune qui s'éclaircit à mesure que le plâtre sèche, et finit par être couleur de chair ou nankin ; mais cette teinte est assez foncée pour qu'une médaille prenne la couleur bronze, quand on lui donnera le brillant de la manière indiquée n° 56. On pourrait donc donner à une médaille formée de ce mélange une figure bronze et laisser le fond nankin, ou laisser la figure nankin et bronzer le fond ; mais on y réussirait difficilement, parce qu'en donnant la couleur bronze, il serait presque impossible de ne pas tacher la partie qui devrait rester couleur de chair. Nous montrerons dans le paragraphe III la manière de mouler les médailles de deux couleurs et d'éviter cet inconvénient.

Une décoction de bois de Brésil ou de bois de Fernambouc, pour gâcher le plâtre, lui donne aussi une belle couleur, et doit être préférée à l'emploi du rouge brun, comme plus commode, moins coûteuse, et n'ayant pas, comme ce rouge, l'inconvénient d'occasioner assez fréquemment de petites souflures, quoiqu'on prenne les précautions indiquées n° 7 pour les éviter.

On rendra la teinte plus foncée en augmentant la dose soit du rouge brun, soit de celle du bois colorant.

47. On pourra aussi donner la teinte rouge à la médaille en l'immergeant, quand elle est sèche, dans la décoction du bois de Brésil ou de Fernambouc, qu'on

aura eu soin de passer dans un linge fin ou au papier : ce sera une économie , surtout quand on aura de grandes pièces.

Bleu céleste.

48. Pour obtenir cette couleur , on mélange au plâtre du bleu de Prusse bien pulvérisé et passé au tamis de soie , en suivant ce qui est dit au 2e alinéa du n° 46. On rendra la teinte plus ou moins foncée en augmentant ou diminuant la dose du bleu.

Noir.

49. Cette couleur s'obtient en mélangeant de la même manière , au plâtre, ou du noir de fumée , ou du noir de vigne , soit enfin du noir d'ivoire , dans la proportion du dixième du plâtre en volume, et l'on procède comme pour les autres couleurs.

50. Une manière plus simple de donner aux médailles en plâtre blanc une belle couleur noire , est de les immerger pendant quelques instans dans de la bonne encre, lorsqu'elles sont sèches ; ou encore plus économiquement , de leur en donner quelques couches avec un pinceau plat en poils de blaireau. Une immersion légère produira une couleur grise qu'on rendra brillante à la plombagine.

§ II. *Manière de donner le brillant aux médailles en plâtre blanc et en plâtre coloré.*

51. Avant de donner le brillant aux médailles, il faut, lorsqu'elles sont sèches , et après les avoir fait chauffer à un certain degré , les immerger environ une demi-minute dans une solution de colle-forte de Flandre très claire, chaude presque jusqu'à l'ébullition , et passée dans un linge fin.

Pour conserver au plâtre non coloré sa blancheur, on emploiera , au lieu de colle-forte , une dissolution de

gomme arabique aussi très claire, et chaude presque
jusqu'à l'ébullition, et l'on y trempera les médailles,
après les avoir fait chauffer ; ou, par économie, on leur
donnera deux ou trois couches de cette dissolution,
avec un pinceau plat en poils de blaireau, pour ne pas
altérer la délicatesse du travail (51).

52. On peut, au lieu de gomme, employer le vernis
suivant. On prend quinze grammes de beau savon blanc
et autant de la plus belle cire blanche qu'on fait fondre
après les avoir ratissés dans un vase de terre neuf vernissé, dans un litre d'eau, sur des cendres chaudes.
On y trempe les plâtres, placés sur un gril, de la
manière indiquée au n° 37. On les retirera au bout
d'une minute ou deux, suivant l'épaisseur des objets.
Quand ils seront bien secs, on les frottera avec une
brosse à dents en poils de blaireau, qu'on pourra couvrir de mousseline fine. Ce vernis ne forme aucune épaisseur et conserve au plâtre sa blancheur ; mais elles n'acquièrent pas autant de dureté que celles préparées à la
colle forte ou à la gomme arabique.

53. Les médailles préparées de cette dernière manière, on les fait sécher à l'air, si le tems est sec, ou
au soleil, ou dans une étuve, puis on les fait briller de
la manière suivante, en leur donnant, si l'on veut, ex-

(51) On pourra encore employer, pour obtenir le même effet,
quelques couches d'une solution très claire de colle de poisson, qui
donnera encore plus de ténacité.

Après cette première préparation et lorsque les médailles seront
sèches, si l'on voulait les vernir, on le pourrait facilement. On se
servirait, pour cela, d'un vernis préparé exprès, et qu'on trouve
chez Muller, 21, rue de Chabrol à Paris. On appliquerait ce vernis au moyen d'un pinceau plat en poil de blaireau, appelé *queue
de morue*, sur le plâtre légèrement chauffé. Il faudra opérer à l'abri
de toute poussière. Ce vernis, d'une blancheur remarquable, réussit
également bien sur les plâtres blancs et colorés ; il leur donne un
grand éclat, et les préserve ultérieurement de la poussière et
de l'humidité. Nous croyons même qu'en huilant les médailles
enduites de ce vernis, il serait possible d'y couler des moules en
soufre.

cepté aux blanches, et si les pièces sont grandes, une couche d'huile siccative dans laquelle on mettra environ un huitième d'essence de térébenthine.

Blanc.

54. Pour faire briller le plâtre blanc, on le frottera avec une brosse à dents douce et propre, après avoir mis sur la médaille un peu de poudre très fine de talc ou d'amidon, et en humectant de tems en tems avec l'haleine, en commençant à frotter, pour faciliter l'adhésion de la poudre. Les médailles ainsi polies ressemblent à l'ivoire.

Bleu.

55. On frottera de la même manière le bleu avec la poudre azurée qu'on emploie pour colorer l'empois, et il deviendra brillant.

Brun ou bronze.

56. On a vu, n° 45 à la fin, que le plâtre couleur de chair ou nankin prenait la couleur bronze. Voici comment on la lui donne.

On prend d'abord de la poudre fine de sanguine ou craie rouge, et l'on frotte comme on vient de le dire. Quand la médaille aura pris une couleur rouge peu foncée, on continuera à frotter avec de la plombagine ou de la mine de plomb en poudre très fine, en humectant de tems en tems avec l'haleine, excepté en finissant, jusqu'à ce que la médaille ait une couleur bronze. Si l'on veut que la couleur soit moins foncée, on mêlera à la plombagine 125 grammes de poudre de craie rouge. Par ce moyen on pourra varier les teintes à volonté.

Noir.

57. On fait briller les plâtres noirs, en les frottant

avec de la plombagine seule, et en ayant soin d'humecter un peu avec l'haleine en commençant.

§ III. *Médailles de deux couleurs.*

58. La couleur étant mélangée au plâtre avant l'opération du moulage, comme on l'a vu nᵒˢ 45 et suivans, on ne peut obtenir des médailles dont le relief et le champ, ou fond, soient d'une couleur différente. Il faudrait pour cela donner au plâtre, avec le pinceau et après le moulage, une couleur à la colle, autrement la qualité spongieuse du plâtre ferait que la couleur qu'on donnerait au fond, s'étendrait sur le relief et réciproquement. Mais, comme une couleur à la colle formerait toujours une certaine épaisseur, on emploiera les procédés suivans.

59. On commencera par couler, en mêlant au plâtre la couleur qu'on désire donner à la figure, et en prenant toujours les précautions indiquées nᵒ 7, pour éviter les soufflures. Quand le plâtre sera durci, on découpera le relief avec un canif ou un instrument bien tranchant, en ayant le plus grand soin de n'enlever absolument que le champ, sans toucher en rien à la figure. Si l'on veut faire le fond blanc, on replacera de suite très exactement la figure dans le moule, après l'avoir huilé. On mettra la bandelette de carton, et l'on coulera le plâtre blanc. Par ce moyen, on obtient des médailles fort belles, dont les traits auraient été altérés si l'on eût donné à la figure une couche de couleur à colle.

60. Mais si l'on voulait que la figure et le champ fussent tous deux de couleur, il faudrait, pour éviter l'inconvénient dont on a parlé à la fin du nᵒ 58, agir de cette sorte : la médaille en plâtre étant moulée, on séparera, comme on vient de le dire au numéro précédent, le relief du fond, et, quand le plâtre sera sec, on donnera, du côté de la figure seulement, et avec un

pinceau très doux, une ou deux couches de colle-forte de Flandre claire, et on laissera sécher de nouveau le plâtre. Quand il sera sec, si l'on veut que la figure soit brillante, on lui donnera le poli, suivant sa couleur, d'après la manière indiquée au paragraphe précédent. La figure étant polie ou restant mate, on coulera de suite le fond, en donnant au plâtre la couleur que l'on désire, et après avoir huilé le moule. Quand le fond, à son tour, sera sec, on lui donnera les couches de colle claire, et on le polira ou on le laissera mat.

61. On variera à son gré les couleurs du relief et du fond, en ayant toujours la précaution, avant de couler le champ, d'encoller la figure si l'on veut la garder mate, et en outre de la polir si l'on veut qu'elle soit brillante, en se conformant à ce qu'enseignent les deux numéros prédédens.

CHAPITRE IX.

DU MOULAGE A LA CIRE, A LA MIE DE PAIN ET A LA COLLE-FORTE OU A LA GÉLATINE; A LA SCIURE DE BOIS, EN PAPIER, EN CARTON, EN PIERRE, EN BOIS, EN VERRE. — DE L'ESTAMPAGE.

§ Ier. Du moulage en cire.

62. Ce moulage, comme celui du plâtre et du soufre, peut se faire sur toutes sortes de matières dures, dans lesquelles la cire ne puisse pas s'imbiber. On pourra aussi employer les moules en plâtre qui n'ont point été durcis à l'huile siccative. Dans ce dernier cas, on les trempera dans l'eau. (*Voyez* n° 26.)

63. Avant de mouler la cire, l'on nettoie et l'on prépare les moules comme on l'a dit n° 6. Les mou-

les ainsi apprêtés, on fait fondre de la cire blanche sur un feu très doux (la cire fond à 68 degrés du thermomètre centigrade), dans un vase neuf en terre vernissée. On expose un instant le moule à la vapeur de l'eau chaude, pour l'humecter, afin que la cire ne s'y attache pas. On peut aussi l'huiler, ainsi qu'on l'a dit n° 7. On mouille la bandelette dont on l'entoure et l'on moule. Il faut avoir soin de ne pas couler la cire trop chaude, et de donner aux médailles une épaisseur proportionnée à leur module.

64. Si les médailles sont de petite dimension, et si la saison est froide ou humide, au lieu d'huiler les modèles, ou de les passer à la vapeur, on pourra se contenter de les humecter avec le souffle de l'haleine, et l'on versera la cire promptement avant que l'humidité ne disparaisse.

65. On peut colorer la cire en rouge avec de la cochenille, du carmin ou du vermillon, qui sont beaucoup moins chers ; en bleu, avec du bleu de Prusse ; en vert avec de la terre verte, en brun avec du brun-rouge. On lui donne la couleur jaune avec de la gomme gutte, de la terre de Sienne ou du massicot et du jaune minéral ; la couleur orange avec du minium, et la couleur noire avec du noir de vigne ou de pêche. Il est inutile de dire qu'il faut que toutes ces couleurs soient réduites en poudre très fine, et qu'il faut bien remuer jusqu'au fond du vase, quand on emploie des couleurs minérales, qui sont plus pesantes que la cire et se précipitent.

66. Pour donner plus de solidité aux médailles en cire, on les garnira derrière de fort papier collé, soit avec de la colle-forte ou avec de la colle de farine. Pour les garnir en carton doré, voyez les n°ˢ 79 et suivans.

67. Voici une manière de faire de fort jolies médailles en cire que l'on colle ensuite sur verre.

On coule d'abord en soufre une médaille dans le creux qu'on emploira pour mouler en cire. Avant de séparer cette médaille en soufre du creux, on a soin de marquer sur le tour des deux pièces, trois points de repère bien correspondans; puis, pendant que le soufre se coupe facilement, on enlève de dessus le fond, avec la plus grande exactitude possible, tout le relief de la figure, de manière que la place où elle était n'en offre plus que les contours et soit bien plane. On pratique, sur ce moule et sur cette seconde partie qui n'offrent entre elles, lorsqu'elles sont réunies, que le vide que doit remplir la figure, deux trous près l'un de l'autre, dont l'un servira d'évent, et l'autre plus grand, pour couler la cire. Au moment de couler, on huilera ou on exposera les deux pièces à la vapeur de l'eau chaude, on les réunira promptement, en faisant correspondre exactement les points de repère marqués sur le tour, et l'on coulera la cire. Par le moyen de ce contre-moule, on ne retirera du creux que la figure, comme si elle était découpée, ayant les contours extrêmement minces.

Si l'on emploie un creux en plâtre non durci à l'huile siccative, on commencera, avant de couler la médaille en soufre, à pratiquer sur le fond, avec la pointe d'un couteau, trois trous qui serviront de points de repère plus exacts et plus faciles à retrouver que ceux placés sur le tour. On coulera ensuite la médaille en soufre, après avoir pris la précaution de tremper le moule dans l'eau (n° 26.) On enlevera la figure, comme on vient de le dire; on pratiquera les deux canaux qui doivent servir pour évent et pour couler. On mouillera, s'il en est besoin, le moule en plâtre, on humectera à la vapeur de l'eau, ou l'on huilera le contre-moule; on réunira les deux pièces, et l'on coulera la cire.

La médaille faite, on en retouchera les contours s'il est nécessaire, on prendra un morceau de verre fin, sans défaut, de la forme qui plaira le mieux. On dépolira, si l'on veut, l'endroit sur lequel sera placée la figure, pour qu'elle adhère mieux au verre. On collera derrière, avec de la gomme arabique, du papier vélin de la couleur qui conviendra, ou bien l'on y donnera deux couches de couleur à l'huile : la seconde quand la première sera sèche. On collera avec soin la figure de cire sur la partie du verre dépolie, en prenant garde que la colle ne dépasse les contours de la figure, qui, paraissant sur un fond d'une couleur tranchante, fera un bon effet.

On donnera du brillant à la figure en y passant légèrement, avec un pinceau de poils d'écureuil, un peu d'essence de térébenthine étendue dans quatre ou cinq fois son volume d'eau.

On pourra encadrer ces médailles sous un verre convexe, qui les garantira de la poussière et de l'indiscrétion de ceux qui seraient tentés de toucher les figures.

§ II. *Du moulage à la mie de pain.*

68. On peut mouler à la mie de pain sur toutes sortes de moules, excepté sur ceux en plâtre non durcis à l'huile lithargirée. Mais il faut toujours qu'ils soient huilés, comme on l'a enseigné au commencement du nº 7. On n'emploie point de bandelettes pour entourer les modèles ; mais si l'on veut s'en servir, on les fera en carton assez solide pour résister à la pression latérale, et on les fixera avec du fil.

69. Voici comme on prépare la matière : on prend la mie d'un pain sortant du four, ou du moins le plus frais possible. On peut y ajouter de l'alun en poudre très fine, pour garantir cette pâte des mites. On la triture bien, puis on la travaille au rouleau de pâtissier, jusqu'à ce qu'elle soit propre au moulage, ce qui se reconnaît quand elle ne tient plus au rouleau, qu'elle est devenue élastique et qu'on peut la manier avec les doigts sans qu'elle s'y attache. Cette manipulation est nécessaire pour que cette espèce de pâte prenne le moins

de retrait possible ; et ne soit pas sujette à se fendre en séchant.

70. On donnera à cette pâte telle couleur que l'on voudra, en y ajoutant ces couleurs réduites en poudre très fine, au fur et à mesure qu'on la travaillera, et jusqu'à ce qu'elle ait la teinte désirée. La craie rouge donnera du brun ; le brun-rouge, un brun plus foncé ; le bleu de Prusse, du bleu ; le minium, la couleur orange, et le vermillon du rouge. On augmentera ou diminuera la teinte, en mélangeant une plus ou moins grande quantité de poudre colorante. Mais comme ces poudres absorbent en grande partie l'humidité ou les parties aqueuses qui se trouvent dans la mie de pain, on ajoutera, petit à petit, en la travaillant, quelque peu de dissolution de colle de Flandre, extrêmement légère, comme celle dont il est parlé 2ᵉ partie, nᵒ III. On l'emploiera dans une proportion telle qu'elle conserve à la pâte la même solidité et la même élasticité qu'elle aurait si l'on n'y eût ajouté ni colle, ni poudre colorante ; car si elle était trop dure, elle prendrait mal les empreintes ; et, si elle était trop molle, elle s'attacherait au modèle.

71. La pâte ainsi préparée, on s'en servira de suite comme on va le dire, pour prendre des empreintes, soit en relief, soit en creux. Si l'on ne l'emploie pas de suite, en tout ou partie, on l'enveloppera d'un linge mouillé, pour l'empêcher de se dessécher, et quand on voudra s'en servir, on la manipulera un peu. Le modèle nettoyé et huilé (nᵒˢ 6 et 7), on prend la quantité de pâte convenable ; on la travaille en la roulant entre la paume des mains jusqu'à ce qu'elle ait acquis une forme sphérique d'un diamètre moitié de celui du modèle, et qu'il ne paraisse à la surface aucune veine ou fissure. On pose cette espèce de boule sur le modèle ; on étend cette pâte petit à petit, en pressant bien partout, à plusieurs reprises sur les bords surtout, si le moule est entouré de carton, afin que l'empreinte soit bien nette ;

et , quand on croit avoir réussi , on place sur le modèle et l'empreinte un corps uni , du poids de 500 grammes à un kilogramme , et l'on ne sépare l'empreinte du moule que lorsqu'elle est sèche ; car , sans cette précaution , les bords se relèveraient ou se fendraient , et elle prendrait une mauvaise forme. Si on n'a point mis de carton autour du moule, on y replacera l'empreinte, et , avec un canif qui coupe bien , on enlèvera la pâte qui excède le bord , puis on donnera le brillant à l'empreinte , suivant sa couleur, comme on l'a indiqué chap. VIII , § II , n° 51 et suivans.

Cette pâte devient si dure qu'on a peine à la rompre avec les mains , et que la cassure en est presque aussi brillante que celle du verre , même quand on n'a point employé de colle.

§ III. *Moulage à la gélatine ou à la colle-forte.*

72. Ces deux matières peuvent souvent convenir au moulage : c'est surtout quand on veut mouler des bas-reliefs , des camées ou autres pierres gravées qui ont des parties qui ne sont pas de dépouille ; parce que la gélatine et la colle-forte , par leur flexibilité et leur élasticité permettent de retirer , sans la moindre altération, les empreintes qui reprennent de suite la forme qu'elles avaient auparavant.

Pour mouler, on prépare la gélatine ou la colle-forte , comme font les menuisiers. On la met détremper 24 heures dans l'eau froide , puis on la place sur le feu dans un bain-marie ; et on la fait fondre , en y ajoutant la quantité d'eau convenable ou d'huile siccative qui garantira les empreintes de l'humidité , et en ayant soin de la remuer avec un pinceau pour mieux en opérer la dissolution. Il faut que la proportion de l'eau ou de l'huile et de la colle soit telle , que presqu'aussitôt qu'elle est refroidie elle se prenne en gelée. On huile légèrement les modèles en métal , en soufre ou en plâtre

passés à l'huile siccative (*voyez* n° 7) , et l'on coule la
gélatine à un faible degré de chaleur. On enlève l'empreinte lorsque la matière a acquis assez de fermeté pour
qu'on puisse le faire sans inconvénient.

73. Lorsque les empreintes seront bien sèches et bien
dures, on s'en servira pour mouler en plâtre de la manière indiquée chapitre III, n° 6 à n° 12 inclusivement.

74. Comme nous avons dit que la gélatine et la colle
convenaient au moulage des objets qui ont des parties
qui ne sont pas de dépouille, si l'on se servait de
moules qui auraient été faits sur de semblables objets,
on ne pourrait séparer les empreintes en plâtre des modèles sans endommager ces empreintes. On évitera ces
inconvéniens, en enlevant sur ces modèles, avec soin
et d'une manière convenable, autant de matière qu'il
est nécessaire pour qu'il n'y ait plus, dans l'empreinte
à faire, de parties rentrantes (74).

---

(74) L'auteur tombe ici dans une erreur qu'il importe de signaler.
Le principal avantage du moulage à la gélatine consiste précisément,
en ce que l'élasticité de cette matière permet d'enlever le moule,
encore bien que toutes les parties du sujet ne soient pas de dépouille. Ceci est tellement vrai, que même certains sujets en ronde
bosse, peuvent être moulés d'une seule pièce à la gélatine. Il en
résulte un immense avantage, puisqu'on évite par ce moyen les
coutures, si difficiles à enlever, qui se trouvent inévitablement sur
les sujets obtenus dans un moule de plusieurs pièces. Aussi le moulage à la colle forte a-t-il pris une grande extension depuis quelques années; et la plupart de ces jolies statuettes que la mode a
prises sous sa protection, sont moulées par ce procédé. Nous ne
saurions donc trop engager le lecteur à faire des essais dans ce genre
de moulage ; nous pouvons lui promettre un succès facile.

Un autre avantage de la gélatine, et qui est encore une suite de
sa flexibilité, est la possibilité de lui donner toutes les courbures
qu'on juge convenables, sans altérer le dessin. C'est ainsi qu'une
médaille ou un bas-relief qui étaient plats, pourront être à volonté
rendus concaves ou convexes. Il deviendra dès lors facile de les employer comme ornemens d'un vase ou de tout autre objet de forme
courbe. Il suffira, pour obtenir ce résultat, de faire un moule ou
chape en plâtre grossier, affectant la courbure qu'on aura adoptée.
On y ajustera le moule en gélatine encore humide, afin qu'il en
puisse prendre facilement la forme. Cette forme une fois fixée par
la dessiccation de la gélatine, on y coulera du plâtre, et on obtiendra un relief qui aura la courbure voulue.

75. Un autre avantage de la gélatine et de la colle , c'est qu'en séchant et se durcissant , elle éprouve du retrait en tout sens , mais sans se fendre. On peut tirer parti de cette circonstance pour réduire à de plus petites proportions les médailles ou autres sujets pour le moulage successif d'un relief sur le premier creux ; d'un second creux , sur le premier relief ; d'un second relief, sur le second creux ; d'un troisième creux , sur le second relief ; d'un troisième relief , sur le troisième creux , etc. ; bien entendu qu'on préparera les empreintes en plâtre avec l'huile lithargirée (*voyez* chap. VI , nos 36 et suivans). Mais ces moulages et surmoulages, quelque bien exécutés qu'ils soient , altèrent toujours un peu la pureté primitive des formes.

Nous ne nous étendrons pas plus long-tems sur le moulage à la gélatine ; nous recommanderons seulement de tenir dans un endroit bien sec les objets qui en seront formés , surtout si l'on n'a pas employé de l'huile pour préparer la colle ou la gélatine.

Soit que l'on coule des médailles , bas-reliefs , ou sujets en ronde bosse , il sera toujours utile de revêtir le moule en gélatine d'une *chape* ou forte enveloppe de plâtre. Cette précaution est nécessaire pour opposer une résistance à la poussée du plâtre , qui ne manquerait pas d'altérer les formes du moule en gélatine, s'il n'était pas complètement séché et privé ainsi de son élasticité.

Il sera toujours plus convenable de ne couler dans les moules en gélatine que lorsqu'ils seront secs et durcis. S'il arrivait alors que l'humidité du plâtre coulé dans le moule , n'ait pas rendu à celui-ci assez de souplesse pour permettre d'en retirer un objet qui ne serait pas de facile dépouille , il faudra mettre le moule quelques heures à la cave ou dans un endroit humide. La faculté hygrométrique de la colle forte lui fera promptement recouvrer sa flexibilité, et il sera alors facile d'en extraire le sujet moulé , sans l'endommager. On peut encore, dans le même cas , plonger le moule en gélatine dans l'eau froide ; mais il faut éviter de prolonger trop long-tems cette immersion.

Ces détails seront plus que suffisans pour le moulage des médailles , camées, bas-reliefs , et même de quelques sujets en ronde bosse de facile dépouille. Nous engageons de nouveau le lecteur à pratiquer ce genre de moulage , qui variera agréablement ses travaux, et s'il désirait de plus amples explications sur ce sujet , il les trouvera dans le Manuel complet du Mouleur , publié par Roret , rue Hautefeuille , 10 bis, à Paris.

§ IV. *Du moulage à la sciure de bois.*

75 *bis*. Cet ingénieux procédé dont l'idée première appartient à M. Séb. Lenormand, apportera une nouvelle variété dans les travaux du mouleur en médailles. Les produits qui en résultent, présentent une telle ressemblance avec la sculpture en bois, que pour ne pas s'y méprendre, il faut être prévenu à l'avance.

Le procédé de M. Lenormand consistait à faire une pâte de sciure de bois, au moyen de différentes colles ; depuis on a employé une combinaison de diverses résines pour donner à cette pâte la cohésion qui lui est nécessaire. Nous indiquerons successivement chacun de ces procédés et les avantages qui lui sont propres ; mais comme la manière de préparer la matière première, la sciure de bois, est la même, dans les deux cas, nous devons commencer par la faire connaître.

On se procure des râpures, sciures ou copeaux de bois ; ceux de sapin sont préférables, si l'on ne tient pas à la couleur ; mais si l'on veut varier les teintes, il sera très avantageux de se servir des sciures provenant des bois des îles débités en placage. Ces copeaux ou sciures qu'on trouve partout à bon marché, étant bien séchés au four, on les pilera et tamisera pour les avoir en poudre très fine, puis on conservera cette poudre à l'abri de l'humidité. Voyons maintenant les divers moyens de l'employer.

1° *Mastic de bois à la colle.* On fera fondre séparément, dans beaucoup d'eau, et au bain-marie : 5 parties d'excellente colle-forte, et une partie de colle de poisson. Lorsque chaque dissolution sera complète, on la passera dans un linge fin pour enlever toutes les ordures qui pourraient s'y trouver, puis on les mélangera. Le degré de consistance de la colle est un point essentiel. Froide, elle doit former une gelée très peu épaisse ou plutôt un commencement de gelée. S'il arrivait que refroidie, elle fût encore liquide, on ferait évaporer un peu d'eau en remettant le vase sur le feu. Si, au contraire, elle avait trop de consistance, on y ajouterait un peu d'eau chaude. Un peu d'habitude apprendra facilement le degré convenable de liquidité.

La colle ainsi préparée, on la fera chauffer, jusqu'à ce qu'on ait de la peine à y tenir le doigt plongé ; mais il faut se hâter de la retirer du feu lorsqu'elle a atteint ce degré, parce qu'une prolongation de chaleur ferait évaporer trop d'eau, la colle prendrait trop de consistance, et les objets seraient sujets à se fendiller. On prend alors de la sciure de bois, préparée comme on l'a dit plus haut, on en forme avec la colle une pâte demi-liquide que l'on applique sur toute la surface du moule de plâtre ou de soufre convenablement huilé, et entouré d'une bande de métal. Cette première couche donnée, on pourra, si on veut économiser la sciure fine, appliquer une seconde couche avec d'autre sciure tamisée plus grossièrement. On tassera bien également cette seconde couche avec les doigts, pour faire prendre à la première toutes les formes de la gravure. Ensuite on la couvrira avec une planche huilée qu'on mettra sous un poids ou sous une presse d'ébéniste, et on laissera sécher. On connaîtra que la dessiccation est arrivée au point convenable, par le retrait que fera la pâte dans le moule. C'est alors le moment de couper avec un couteau toute la pâte qui excédera l'épaisseur déterminée ; plus tard, cette opération serait beaucoup plus difficile. Enfin, on démoulera avec précaution, et on laissera complètement sécher.

Les produits résultant de ce procédé trop peu connu, étonneront par leur netteté et par leur solidité. Ils sont susceptibles d'être dorés par les procédés ordinaires ; mais la plus belle application qu'on en puisse faire, est pour obtenir des couvercles de tabatières portant un sujet gravé, que l'on pourra ensuite tourner et vernir, et qui remplaceront avec avantage ceux qu'on obtenait autrefois à grands-frais par l'impression à l'eau bouillante.

Il sera facile de produire de forts beaux veinages, en mélangeant avec intelligence la sciure de bois diversement colorés, que l'on aura d'abord tamisée séparément. On peut encore teindre la sciure en diverses couleurs, et même y mélanger de la limaille de laiton lorsqu'on veut imiter l'effet de l'aventurine.

Si on emploie des moules en soufre, il faudra y introduire la pâte presque froide, pour éviter de les faire casser.

Pour ne rien omettre, voici une autre formule pour préparer la colle :

> Colle forte de 1ʳᵉ qualité..   8
> Gomme arabique........   1
> Gomme adragant........   1

Les deux premières sont préparées en gelée claire, la troisième en mucilage, ensuite on les mêlera ensemble, puis on y délaiera la sciure de bois, et on moulera comme il a été dit ci-dessus.

Ces différentes colles étant préparées avec beaucoup d'eau, ne peuvent se conserver long-tems ; on évitera donc d'en apprêter plus qu'on n'en peut employer.

2° *Mastic de bois à la résine.* On fera fondre ensemble sur un feu doux : 1 partie de cire, 2 parties d'huile de térébenthine, et 2 parties de colophane. Lorsque la fusion sera complète, on y ajoutera par petites parties et en remuant sans cesse, une quantité convenable de sciure de bois en poudre très fine, jusqu'à ce qu'on obtienne une pâte bien homogène et demi-liquide. On introduira cette pâte encore chaude dans les moules fortement huilés, pour éviter qu'elle ne s'y attache ; on l'y tassera fortement avec une spatule de bois huilée, pour la faire pénétrer dans toutes les cavités. Puis, aussitôt qu'elle aura repris sa solidité, ce qui est bien moins long que pour le mastic à la colle, on pourra la retirer des moules.

Cette composition exigeant un certain degré de chaleur, pour être encore fluide et susceptible d'être moulée, ne pourra jamais être coulée dans des moules de soufre. On évitera néanmoins de la faire trop chauffer, parce que le feu pourrait facilement se mettre aux matières inflammables qui la composent.

On pourra, par ce procédé, obtenir non seulement des médailles et empreintes d'un effet fort agréable, mais encore des boîtes, tabatières, coquetiers, bordures de tableaux qui se travailleront facilement au tour et au rabot, et qui prendront le plus beau vernis.

Au lieu de sciure de bois, on peut employer de la poudre fine d'ardoise pilée. Cette substance d'un noir bleuâtre se moule également bien par le procédé au mastic de colle ou de résine, et produit un agréable effet.

§ V. *Du moulage en papier.*

Il y a deux procédés pour mouler des médailles en papier : le premier, plus simple et plus expéditif, fera l'objet de ce paragraphe ; l'autre étant identique avec la manière de mouler le carton, se trouvera décrit au paragraphe VI.

On commencera par bien nettoyer le moule dont on veut avoir l'empreinte (n° 6), on appliquera dessus un morceau de papier d'impression. Tout autre papier réussirait moins bien. On mouillera légèrement ce papier avec une éponge, jusqu'à ce qu'il adhère au moule. Prenant alors une brosse douce et à longs poils, on appuyera et on frappera à petits coups, jusqu'à ce que le papier ait pris toutes les formes du moule. On laissera sécher presqu'entièrement le papier sur le moule, puis on l'enlevera avec précaution, et on laissera la dessiccation se compléter.

Si, en frappant avec la brosse, le papier venait à crever, on mettra une petite pièce, et l'on continuera d'appuyer avec la brosse jusqu'à ce qu'elle fasse pâte et se soude avec la feuille.

Ce genre de moulage ne donne pas toujours, à la vérité, des empreintes d'une netteté irréprochable, mais son extrême simplicité le rendait utile à connaître, puisqu'il permettra aux savans et aux antiquaires de tous les pays de se communiquer, sous un très petit volume, et dans une lettre, les médailles ou inscriptions qui font l'objet de leurs études et de leurs travaux.

§ VI. *Du moulage en carton.*

Ce procédé, fort en usage, il a vingt ans, pour reproduire des empreintes de médailles, semblait à peu près tombé dans l'oubli, lorsqu'il a repris une nouvelle vogue depuis quelques années, par l'adoption générale de ces papiers où l'on voit des figures et inscriptions estampées en couleur, sur un fond de couleur tranchante, et qui s'obtiennent par des moyens que nous croyons analogues à ceux du moulage en carton.

Nous avons pensé que le lecteur trouverait avec plaisir la description de ce procédé dans un Manuel que nous nous sommes efforcés de rendre tout-à-fait complet.

On commencera par faire en creux et en relief un double moule de plâtre du sujet qu'on voudra reproduire, en se conformant au chapitre VIII, § III, n° 44 *bis*. Il sera même beaucoup mieux de faire ce double moule en plâtre durci, suivant le dernier alinéa du même paragraphe III.

Lorsque ces moules seront bien secs, on y passera deux ou trois couches d'eau de savon très propre. On prendra alors un morceau de carton mince : celui à faire des cartes de visite ou du carton de Bristol seront très convenables. On placera ce morceau de carton, préalablement humecté pour le rendre plus souple, entre les deux moules que l'on remettra très exactement l'un sur l'autre, en se guidant par un repère qu'on aura dû faire à l'avance sur leurs tranches. On disposera alors le tout entre deux livres, sous une presse d'ébéniste qu'on serrera, mais pas assez pour briser les moules de plâtre. Au bout de quelques minutes, on pourra augmenter un peu la pression. Lorsqu'on jugera que le carton est suffisamment sec, on coupera avec des ciseaux tout ce qui déborde le moule ; puis on enlèvera facilement l'empreinte, qui reproduira fidèlement en creux et en relief la gravure des deux moules.

Ces empreintes, à cause de leur légèreté, ont l'avantage de pouvoir être facilement expédiées au loin. On peut même, en les passant à l'huile lithargirée, s'en servir à tirer un moule en plâtre ; mais alors le carton ne peut donner qu'un petit nombre d'épreuves.

Au lieu de carton, il sera possible d'employer du papier plus ou moins épais, de couleur, glacé, etc. ; et alors les empreintes seront beaucoup plus nettes que celles obtenues par le procédé d'estampage à la brosse, indiqué au paragraphe V qui précède.

§ VII. *Du moulage en bois.*

Quoique l'ingénieux procédé de sculpture en bois, récemment découvert par M. Frantz jeune, ne se rattache pas tout-à-fait directement au sujet qui nous occupe, nous ne pouvons résister à l'envie d'emprunter la description de ce procédé à l'intéressant journal *Le Technologiste* (1).

Ce procédé est basé sur un moyen parfaitement simple dont l'application a été faite, dès les tems les plus anciens, par les hommes à l'état sauvage, c'est-à-dire l'emploi du feu pour donner au bois un relief déterminé.

Ainsi qu'on vient de le dire, la matière ou le bois à enlever, pour donner le relief exigé, est brûlé, c'est-à-dire converti en charbon. Cet effet est dû à l'application, avec l'aide d'une forte pression, d'un moule en fonte de fer, chauffé jusqu'au rouge ; le moule ne transmet

_____

(1) Recueil mensuel publié par M. *Malepeyre* ; chez *Roret*, rue Hautefeuille 19 bis. 18 francs par an pour Paris et 21 francs pour la province.

pas immédiatement sa forme au bois, mais la produit par l'interposition d'une couche de charbon. Cette couche ne doit pas avoir plus de 2 à 3 millimètres d'épaisseur, ainsi qu'il va être expliqué, et plus elle est mince, plus la sculpture a de netteté.

Pour obtenir cette netteté, il faut que la couche charbonnée soit limitée de la manière la plus exacte possible, et qu'il n'y ait entre le moule et la forme produite que du charbon friable et pouvant se détacher facilement par l'action d'une brosse. La forme perdrait beaucoup de sa netteté et le procédé de sa certitude s'il se trouvait, entre la portion réduite complètement en charbon et le bois inférieur, une couche de bois à l'état de charbon roux, c'est-à-dire carbonisé à différens degrés et cédant irrégulièrement à l'effet de la brosse. Pour obtenir ce résultat indispensable et limiter l'action comburante du moule chauffé au rouge, on immerge le bois à travailler dans l'eau jusqu'à ce qu'il soit entièrement saturé par le liquide. Cette eau, sous l'action du moule, se convertit en vapeur et oblige de n'employer qu'une pression intermittente pour faciliter l'écoulement de la vapeur produite. Si cette pression était continue, la vapeur pourrait se trouver assez comprimée en certains points pour que son expansion détachât quelques parcelles de bois et pour compromettre la perfection du résultat.

L'action du moule sur le bois ne dure que 20 secondes environ; elle s'exécute simplement par l'emploi d'un levier qui quintuple le poids de l'ouvrier qui s'assied dessus et se donne un mouvement vertical répété. Au bout de ces 20 secondes le bois est retiré de la presse et jeté dans l'eau pour arrêter, d'une part, la combustion de la portion charbonnée, et de l'autre, pour faciliter son enlèvement sous l'action de la brosse. Ces opérations, étant réitérées autant de fois que l'exige la profondeur du moule, donnent un relief qui reproduit avec une admirable fidélité tous les détails du modèle primitif.

Une chose à faire remarquer, c'est que l'imbibition du bois par l'eau étant une des conditions du procédé, plus les bois sont spongieux, et plus l'opération devient facile. Par conséquent les bois les plus communs sont les plus propres à être convertis en objets sculptés. Cette transformation n'affecte pas seulement leur forme, elle a, de plus, une influence favorable sur leur dureté, qui s'en trouve très sensiblement augmentée. Les sculptures ainsi obtenues sur du bois de peuplier ou de maronnier acquièrent beaucoup de ressemblance avec celles faites sur du vieux noyer et sont d'un effet très agréable.

Dans les nombreux produits de cette invention on trouve toutes les qualités qui constituent la bonne sculpture : les formes sont accusées avec fermeté, souplesse, légèreté et délicatesse, suivant le sentiment de l'artiste qui en a créé le premier modèle.

Cette industrie, quoique récente, et que la Société d'encouragement a déjà récompensée d'une médaille d'or, s'appuie, suivant M. le rapporteur, sur un atelier assez bien monté pour entreprendre tous les travaux qui peuvent lui être demandés ; elle est déjà riche d'un grand nombre de modèles d'un mérite remarquable dus à la main habile de M. Graenaker ; elle produit des bas-reliefs d'une saillie et d'une dimension parfaitement en rapport avec l'une de ses destinations, la décoration des édifices publics et des habitations particulières. Quant aux objets d'une moindre étendue, destinés à la décoration de petits meubles, il ne reste plus aucun doute que la simplicité et l'économie de ce procédé n'en popularisent l'emploi de la manière la plus étendue.

§ VIII. *Du moulage en verre.*

L'art d'obtenir des empreintes en pâte de verre est sans contredit l'une des branches les plus intéressantes des travaux du mouleur en médailles. C'est ainsi que sont obtenus ces moules si purs, si corrects qui nous viennent d'Italie. Il est véritablement étonnant que nous soyons restés tributaires de ce pays, d'où nous tirons encore ces empreintes, tandis qu'il est si facile de les multiplier chez nous à peu de frais. Nous engageons donc tous les amateurs jaloux du progrès de l'art, à exercer leur industrie dans ce genre ; ils seront surpris du succès qu'ils obtiendront avec si peu de peine, et nous espérons qu'ils nous sauront gré d'avoir fait cet emprunt en leur faveur à un ouvrage trop peu connu, l'art de la vitrification, par M. Pelouze.

Les empreintes de verre peuvent être en creux ou en relief. Tout l'artifice de ce procédé consiste dans le choix de la matière à employer pour les moules. Une longue suite d'expériences a prouvé que le tripoli était presque la seule dans laquelle le verre en fusion pâteuse pouvait se mouler avec une parfaite netteté.

On doit employer de préférence le tripoli de Venise; on le pile dans un mortier de fer et on le tamise finement, plus il sera fin et mieux on réussira. Cependant, pour le corps du moule on peut en employer qui soit moins fin. On humecte celui-ci légèrement et on en forme un petit gâteau qu'on pétrit long-tems et qu'on presse fortement avec les doigts. On remplit de cette pâte un petit creuset plat d'une profondeur de 8 à 10 millimètres et d'un diamètre proportionné à la grandeur du sujet qu'on veut mouler. On tasse bien le tripoli dans le creuset, puis on met par dessus une couche de tripoli le plus fin. Il faut que celui-ci ait été broyé à la mollette sur une pierre ou sur une glace dépolie, jusqu'à ce qu'il soit en poudre impalpable et douce au toucher comme du velours. Cette seconde couche doit être assez épaisse pour suffire au relief à exprimer dans le sujet.

La médaille, ou tout autre sujet qu'on voudra mouler, étant posé sur cette couche de tripoli le plus fin, on appuie dessus en pressant fortement avec les deux pouces. Le bon tripoli est doué d'une sorte d'onctuosité qui favorise merveilleusement la netteté des empreintes. On enlève avec un couteau l'excédant de tripoli qui dé-

borde le sujet. En cet état, on laisse le moule sur l'empreinte jusqu'à ce qu'on juge que l'humidité du tripoli
de la première couche ait pénétré la deuxième couche
fine et sèche. Ce délai est nécessaire pour que toutes les
parties du moule soient bien liées et ne forment qu'un
seul corps : avec un peu d'habitude on jugera facilement
du tems nécessaire pour obtenir cet effet. Pour séparer le sujet d'avec le tripoli, on le soulève un peu avec
la pointe d'une aiguille emmanchée dans un petit morceau de bois , et l'ayant ébranlé on renverse le creuset;
le sujet tombe de lui-même et laisse gravé dans le moule
tout son relief. Il faut ensuite laisser sécher ce moule
dans le creuset , à l'ombre et dans un endroit à l'abri
de la poussière qui pourrait en gâter l'impression.

Quand le tout sera parfaitement sec, on prendra un
morceau de verre ; on le taillera de grandeur convenable ; on le posera doucement et avec précaution sur le
moule de tripoli, de crainte d'affaisser les bords du creux.
On approchera d'un petit fourneau construit exprès, le
creuset ainsi couvert de son morceau de verre, pour
qu'il s'échauffe peu à peu, jusqu'à ce qu'on ne puisse
plus y tenir les doigts. Il est tems alors de l'enfoncer
dans le fourneau.

On observera par la lorgnette de l'ouvreau l'état du
verre. Quand il commencera à devenir luisant, on pourra
juger qu'il est assez ramolli pour subir l'impression. On
retirera alors le creuset du fourneau , et sans perdre un
moment, avec une spatule en fer un peu flexible, on
pressera sur le verre, pour y imprimer la figure moulée
dans le tripoli : l'impression finie on remettra le creuset
dans le fourneau dans un endroit médiocrement chaud ,
et où le verre à l'abri d'un courant d'air froid puisse
éprouver *le recuit.*

On réussit aussi à faire de fort belles empreintes , en
substituant au tripoli le talc ou craie de Briançon trai-
tée absolument comme on l'a dit pour le tripoli.

§ IX. *Du moulage en pierre.*

Tout le monde connaît ces fontaines pétrifiantes réparties en divers endroits du sol de la France, et qui ont la vertu de recouvrir d'une couche de pierre les divers objets mis en contact pendant un certain tems avec leurs eaux. Nous citerons entr'autres les sources de St-Allyre près Clermont (Puy de dôme), et plusieurs autres dans le voisinage du Mont-d'Or. Cette singulière propriété due à une certaine quantité de chaux carbonatée que les eaux de ces fontaines tiennent en dissolution, a été mise à profit pour obtenir des reliefs en pierre d'une grande netteté. Nous avons vu en ce genre de véritables petits chefs-d'œuvre, qui provenaient des sources de St. Allyre. Quoiqu'un très petit nombre de nos lecteurs soit à portée de se livrer à ce genre de travail, pour ne rien laisser ignorer de ce qui a rapport aux médailles, nous allons indiquer le moyen dont on se sert pour obtenir ces empreintes en pierre. Il suffit de disposer des moules convenablement huilés, sous une gouttière laissant échapper goutte à goutte, des petits filets d'eau pétrifiante, très divisés et facilement évaporables. Le sédiment calcaire se dépose peu à peu sur les moules, et au bout de quelques jours ils se trouvent complètement recouverts d'une couche assez épaisse pour présenter une grande solidité, avec toute l'apparence et le poli d'une pierre d'un blanc jaunâtre.

§ X. *De l'estampage.*

Quoique l'estampage se rattache d'une manière plus spéciale à l'art du mouleur en statues, comme ce procédé peut souvent être utile au mouleur en médailles pour obtenir l'empreinte de quelques bas-reliefs de peu de dépouille, nous croyons devoir en donner une idée succincte.

Rien de plus simple et de plus facile que cette opé-

ration : les seuls matériaux nécessaires sont l'argile ou
terre de potier un peu ferme, quoique liante, et l'on
n'a pas besoin d'autres instrumens que ses doigts. Supposons que le modèle qu'il s'agit d'estamper soit en plâtre ; s'il n'était point passé à l'huile siccative ou à l'eau
de savon, on aurait un petit sachet rempli de cendre,
et l'on en frapperait de petits coups sur toute la surface
du sujet, une poussière fine et legère le recouvrirait, et
empêcherait la terre d'y adhérer. On pousserait alors
cette terre avec les doigts d'abord dans les parties les
plus rentrantes du sujet, et s'il était nécessaire de faire
plusieurs pièces pour faciliter la dépouille, on enleverait chaque pièce à mesure qu'elle serait faite ; on cou-
perait nettement ses bords qu'on huilerait fortement
pour empêcher les pièces voisines de s'y attacher ; on la
replacerait soigneusement sur le moule et lorsque le
sujet serait entièrement recouvert de terre, le moule
serait fait. On ôtera alors une à une toutes les pièces de
ce moule, on les rassemblera avec soin sur une table, on
huilera l'intérieur du moule, et l'on y coulera du plâtre.
On enlevera ensuite le moule avec précaution, pour ne
pas endommager les parties du sujet qui ne sont pas de
dépouille. Rarement le même moule pourra donner plusieurs épreuves, mais on conservera l'argile, qui sera
susceptible d'être employée à faire d'autres moules.

CHAPITRE X.

—

ORNEMENS A AJOUTER AUX MÉDAILLES, SOIT QU'ON VEUILLE EN FORMER DES MÉDAILLERS OU DES CADRES.

1° *Préparation des médailles.*

76. Comme le soufre est extrêmement fragile (76), et que la moindre chaleur, même celle des mains, peut le faire casser, pour donner de la solidité aux médailles, on collera du papier derrière avec de la colle forte ou de la colle de farine. Pour employer à cette opération le moins de tems possible, voici comment on y procède : on découpe avec des ciseaux sur un cercle en carton du même module que les médailles, des cercles de bon papier, plié en quatre ou en six pour aller plus vite ; on trempe ces cercles de papier dans de l'eau chaude, et on les presse en paquet dans un linge pour en exprimer l'eau, de manière à ce qu'ils ne soient qu'humides ou peu mouillés ; on prend avec une brosse à dents de la colle de farine froide ou de la colle forte claire, légèrement chauffée, pour ne pas faire casser le soufre ; on en met quelques gouttes derrière environ six médailles

(76) Nous devons faire observer qu'il n'est plus d'usage aujourd'hui de garnir les médailles ; on a remarqué sans doute qu'un cadre de médailles ainsi ornées, présentait une ressemblance avec ces reliquaires de mauvais goût qu'on surcharge ordinairement de papier doré. Nous n'avons pas cru néanmoins devoir supprimer les chapitres qui traitent de la garniture des médailles, parce que quelques personnes peuvent avoir conservé ce goût. D'ailleurs, le chapitre XI, qui est relatif à la manière d'encadrer les médailles et d'en former des médaillers, présentera toujours un intérêt d'actualité.

qu'on a rangées devant soi ; avec la brosse on l'étend
sur toute la surface , en commençant par les premières
encollées ; puis on place sur chacune un cercle de papier ; on revient de nouveau à la première , et avec
les doigts on fait adhérer le papier à la médaille , en
évitant, autant que possible, de mettre de la colle sur les
figures ; l'on continue ainsi pour chacune , et on laisse
sécher.

77. Si le rebord ou l'orle des médailles (en soufre)
qui fait saillie et porte une moulure, n'était pas bien
uni , on pourra , pour faire disparaître les inégalités ,
les frotter avec la prêle ; et si l'on ne veut pas les garnir
de carton doré , on polira aussi à la prêle le tour perpendiculaire au champ.

78. Avant de placer le carton doré autour des médailles ; il faut , si elles sont en soufre jaune , les laver
avec une brosse à dents , en employant une dissolution
de savon faite avec une portion égale d'eau et d'eau-de-
vie , et les essuyer avec de la mousseline propre ; on en
lave jusqu'à six et même jusqu'à dix ou douze avant de
les essuyer , afin de perdre moins de tems. On les fera
briller quand elles seront entourées de carton doré ; et,
si on les encadre , on ne les rendra brillantes que lorsqu'elles seront collées sur les fonds destinés à les recevoir. On emploiera, dans ce dernier cas, une brosse assez forte et très propre , autrement on salirait les médailles. Si elles sont en soufre de couleur, on ne les
lavera point ; on les rendra brillantes de la manière et
avec les matières indiquées nos 54 , 55 , 56 et 57 , suivant la couleur qu'elles ont. On donne le brillant aux
médailles de couleur , surtout aux brunes et aux noires,
avant d'y mettre le carton doré , parce qu'en donnant
le poli après , on salirait l'or.

Nous remarquerons que les médailles en soufre , coulées sur des moules huilés , ne prennent jamais un beau
poli , malgré le lavage réitéré avec la dissolution de savon. Si donc on veut les avoir brillantes , au lieu de

graisser les moules qui devraient l'être , on les humectera avec l'haleine. (*Voyez* n° 4 1 .)

79. Les médailles préparées comme on vient de le
dire (il en est de même de celles en plâtre brillantes ou
mates) , on les garnit. On fait , à cette fin , dorer sur
tranche, par un relieur , de petites bandes de carton fin
d'un millimètre d'épaisseur au moins , qu'on laisse
blanches ou que l'on colorie auparavant, suivant le goût.
On donne à ces bandelettes 7 ou 9 millimètres de
largeur. Mais comme ce travail est fort long et fort ennuyeux, si l'on prépare chaque bande l'une après l'autre, voici la description d'une espèce de machine qui
l'abrégera beaucoup , de même que celui du placement
du carton. Mais comme dans les arts et métiers, les
procédés qui ménagent le tems sont précieux, on par-
donnera à l'auteur les minutieux détails où il va entrer,
pour indiquer la manière la plus courte et la plus facile, 1° de couper les bandelettes de carton ; 2° d'en
amincir les bouts ; 3° de leur donner de là souplesse ;
4° de les coller autour des médailles.

1° *Couper les bandelettes de carton.*

80. Les bandes de carton doré sortant de chez le relieur , ont 49 centimètres environ de longueur. On les
réunit par paquets de 20, en ayant la précaution de placer, toujours inclinée du même côté, l'espèce de biseau
formé à la tranche non dorée par l'obliquité du tranchant du fût à rogner. (C'est aussi du côté de ce biseau
qu'on amincira les deux bouts des bandes.) On lie les
paquets à chaque bout et au milieu avec une bandelette
de papier de 13 à 15 millimètres de largeur, faisant
deux ou trois tours et fixées avec du pain à cacheter.
Quand on a plusieurs médailles du même module, on
coupe une bande de carton de 9 millim. plus longue que
le tour des médailles; de sorte qu'étant collée autour,
l'un des bouts recouvre l'autre d'environ ces 9 millim.

Ensuite, on a une espèce de règle en bois dur, de 22 centimètres de longueur, 24 millim. de largeur et 14 millim. d'épaisseur, sur laquelle on pratique une feuillure de 7 millim. de profondeur sur le côté étroit, et de 20 millim. sur le large côté; en sorte qu'un paquet de vingt bandes placé dans cette feuillure, l'excède à peine dans sa largeur et sa profondeur. (*Voy.* fig. 1re, n° 1, la forme de cette pièce, et fig. 1re, n° 2, son profil vu par un bout.) A 27 millim. de l'extrémité à droite et sur le large côté, on tracera à l'équerre une ligne perpendiculaire; l'on sciera, en suivant cette ligne, depuis le point *a*, jusqu'au point *b*; et par un second coup de scie, du point *c* au point *b*, on enlèvera le morceau, de manière que la surface de l'extrémité de cette pièce soit de niveau avec la surface de la petite feuillure représentée par la partie en blanc.

On place sur cette machine le paquet de bandes de carton, le plat de la bande sur la partie étroite, et les tranches non dorées appuyées contre la partie large; en sorte qu'il remplit à peu près le vide. On fixe vers les points *a*, *b*, le point où l'on veut rogner l'extrémité des bandes pour les égaliser; on serre le carton sur la machine avec une tresse, et, avec un instrument bien tranchant, on coupe en suivant l'échancrure marquée par la ligne *a*, *b*, et le paquet se trouve rogné perpendiculairement.

On coupe ensuite, de la même manière, les bouts, toujours en paquets, suivant la longueur de celui qu'on a coupé pour mesure, et ils se trouvent exactement de la même longueur.

Si l'on ne veut couper que quelques bandes, on se contentera de les réunir avec une bandelette de papier et du pain à cacheter : la pression du pouce suffira pour les empêcher de glisser l'une sur l'autre en les coupant.

Quand, à force de rogner, on aura coupé le bois sur lequel appuie la dernière bande, on reculera l'échan-

crure de quelques lignes , mais toujours perpendiculairement. .

2° *Aminoir les bouts des bandelettes.*

81. Les bandelettes étant coupées, on en amincit les
bouts. Pour le faire avec célérité , il faut avoir une
pièce de bois de 8 centimètres carrés , sur environ 27
centimètres de longueur. Sur l'une des faces, on fixe,
avec une vis ou un anneau à vis , une autre pièce en
bois dur de 4 centimètres sur 21 ou 27 centimètres de
long et 27 millimètres d'épaisseur , dont l'un des bouts,
aminci en dessous en forme de coin , excède de 27 millimètres plus ou moins la pièce principale. Au moyen de
différens trous pratiqués dans cette dernière pièce, on
peut avancer ou reculer la petite à volonté (*voyez* fig.
2). C'est sur la petite pièce qu'on amincit les bandelettes.

82. On ne coupe pas les bouts détachés les uns des
autres, mais en paquet. Pour cela on fait glisser le lien
de papier presqu'à l'extrémité du bout opposé à celui
qu'on veut amincir. On prend la machine dont on vient
de parler, le bout taillé en coin tourné vers soi. On tient
le paquet de la main gauche, absolument comme une
plume à écrire, le côté indiqué pour être rogné étant
en dessus. Dans cette position, on lève avec la main
droite le premier bout, on le sépare des autres , en
mettant le second doigt sur le paquet; on place ce
bout isolé à plat sur l'extrémité du morceau de bois
coupé en coin, les autres doigts se trouvant dessous ,
et l'on coupe avec un instrument bien tranchant, en
commençant à 9 millimètres du bout , et finissant à
rien à l'extrémité. On met le bout rogné sur le premier
doigt ; on prend le second bout qu'on place sur le second doigt , les autres bouts en dessous, et l'on amincit. On continue à mettre les bouts rognés sur le premier doigt , celui à rogner sur le second doigt , et les

autres dessous, jusqu'à la fin du paquet. On fait glisser le lien à l'autre extrémité, et l'on opère comme on vient de le dire, les bouts devant être amincis du même côté, c'est-à-dire du côté où la tranche non dorée est coupée en biseau. Par ce moyen, les bandelettes se trouvent toujours en paquet.

3°. *Achever de préparer les bandes.*

83. On en place un paquet dans la main gauche, la tranche non dorée appuyée sur la paume, de crainte que la transpiration n'altère la dorure; on les tire une à une, ou deux à deux pour aller plus vite; on les tient par un bout entre le pouce et le premier doigt de la même main, et, pour leur donner plus de souplesse, on les fait glisser d'une extrémité à l'autre, entre le pouce et le premier doigt de la main droite, en leur donnant une forme circulaire, ayant soin que les côtés minces se trouvent en dedans du cercle. (Pour que le carton, dont les angles sont très vifs, ne coupent pas les doigts entre lesquels il glisse, on y met des doigts de peau.) On réitère ce mouvement deux ou trois fois. On prend l'autre bout dans la main gauche, et l'on agit de la même manière. Ensuite l'on rapproche les extrémités l'une de l'autre; on les serre avec le pouce et le premier doigt, on tire en plaçant un doigt de la main droite dans l'espèce d'anneau que forment les bandelettes courbées, cela forme davantage le cintre, et fait connaître à peu près le milieu des bandes, ce qui est utile quand on les colle aux médailles. Mais, comme dans tous ces mouvemens, les extrémités n'ont pas pris la forme circulaire et ont très peu de souplesse, on les cintrera un peu, l'une après l'autre. En cet état on place les bandelettes sur la table. On continue cette manœuvre jusqu'à la fin du paquet. Alors elles sont prêtes à être collées aux médailles.

4° *Coller les bandelettes aux médailles.*

84. Au milieu de la longueur et un peu en avant de l'une des faces de la pièce de bois dont il s'agit au commencement du n° 80, on fixe avec une vis, et tour à tour, suivant que la grandeur des médailles l'exige, des espèces de pions de damier d'environ 7 millimètres d'épaisseur sur un diamètre de 5 à 7 millimètres moins grand que celui des médailles qu'on doit y placer pour les garnir de carton doré. Sur une ligne perpendiculaire au centre du pion, on perce deux ou trois petits trous, distans de 5 millimètres l'un de l'autre, destinés à recevoir un petit anneau à vis, qu'on reculera, suivant que le diamètre des pions et celui des médailles à garnir s'agrandira. Cette vis est destinée à servir de point d'appui à la médaille (*voy.* fig. 2, face latérale). On aura soin de placer ces espèces de pions de manière que la pièce de bois carrée, faisant face, le côté sur lequel se trouve la pièce à amincir les cartons se trouve derrière, afin que la pièce principale puisse poser à plat.

85. Les médailles préparées, les bandelettes amincies et cintrées, il ne reste plus qu'à les coller. Pendant que la colle-forte chauffe au bain-marie, c'est-à-dire dans un vase placé dans un autre qui contient de l'eau, on coupe, de la longueur d'environ 60 centimètres à peu près, autant de bouts de bon fil retors qu'on a de médailles à garnir, et l'on fait un nœud à chaque bout. On place les médailles et les bandes de carton à sa gauche; on met devant soi la machine sur laquelle on a fixé un pion, l'anneau à vis en arrière; on étend les bouts de fil en travers de ses cuisses, sur lesquelles on étend un linge, pour essuyer ses doigts et recevoir les médailles qu'on pourrait laisser échapper.

86. On prend une bandelette de carton qu'on tient aux deux tiers environ de sa longueur, entre le pouce

et le premier doigt de la main gauche, les bouts en
dessus, du côté aminci, et la tranche dorée à gauche ;
puis avec un bout de bois de 18 à 21 centimètres de
longueur sur 7 millimètres de diamètre, aminci à l'une
des extrémités, en forme de spatule, on prend un peu
de colle que l'on étend légèrement à chaque bout, seulement sur la partie amincie, et au milieu de la longueur
de la bandelette, ayant soin de ne pas aller jusqu'à la
tranche dorée.

Suivant qu'on agira avec célérité, ou suivant que
la colle sera plus ou moins chaude ou liquide, on pourra
préparer ainsi deux et même trois bandes avant de les
coller. Cela ménage le tems.

87. La colle mise sur les bandelettes, on place une
médaille sur le pion, l'anneau à vis fixé à 5 millimètres
en arrière, ou davantage, suivant le module de la médaille. On tient entre les dents, par le bout, un des
fils qu'on a préparés. On prend une bandelette encollée
qu'on place contre l'anneau de la vis, en la tenant de
la main gauche, avec l'extrémité du pouce et du second
doigt, le premier placé en dedans, et de la main droite,
avec les deux premiers doigts, le premier passé sur
le second, qui est plié et touche à peine la bandelette.
Dans cette position, on presse un peu la médaille contre la bandelette avec les deux pouces, en plaçant bien
celle-ci à raz du bord de la médaille ; puis on fait glisser le côté du bas, toujours en pressant sur la bandelette jusqu'à 9 millimètres de son extrémité, le premier doigt de la main gauche s'appuyant sur le milieu
de la médaille pour la maintenir. Dès que la bordure
est placée, on presse la médaille contre l'anneau avec
les deux pouces, le gauche appuyé contre la bordure
qu'il fait joindre contre le tour de la médaille, et le
droit la laissant en dehors. En même tems, le second
doigt de la main gauche s'appuie sur le relief de la médaille, pour continuer à la fixer. Le pouce droit vient
s'appuyer contre l'extrémité du bout de gauche, tau-

dis que le pouce de ce même côté remonte jusqu'auprès
du doigt de la même main, et redescend (en ajustant
bien le carton au niveau du bord de la médaille, jusque contre le long du bord du côté droit de la médaille
la bandelette toujours en dehors), presque jusqu'auprès
du premier doigt ; contre lequel le pouce et la bordure
se trouvent alors. Dans cette position, on serre et fait
glisser ses doigts le long de la bordure en descendant,
la pressant contre le bord de la médaille et l'ajustant avec
le premier doigt, jusqu'à ce que le pouce soit obligé de
s'ôter. En ce moment le doigt, qui est à 11 à 14 millim.
de l'extrémité de la bordure, la presse avec sa partie
latérale gauche, tandis que le pouce vient placer et
ajuster le petit bout restant sur le bout du côté gauche.
Alors et de suite le pouce gauche couvre et presse le
point de réunion. Dans cet état, la main droite devient
libre, le pouce gauche presse seul la médaille contre
l'anneau près duquel est placé le second doigt. Le premier doigt de cette même main, qui est appuyé contre le
relief de la médaille, passe à droite de l'anneau, se place
contre le tour de la médaille, qui se trouve ainsi tenue
par le pouce et les deux premiers doigts qui forment
un triangle. On porte la médaille sur-le-champ, à 8 ou
10 centimètres de la bouche, puis, de la main droite,
on prend le fil qui est entre les dents, on le passe par
le dessus et, revenant par le dessous, on fait 3 ou 4
tours, en serrant bien et en faisant glisser le fil sous les
doigts qu'on fait prêter à cette fin, et on les fixe en tordant les deux bouts à plusieurs reprises entre le pouce
et le premier doigt de la main droite. Le fil ainsi arrêté,
on achève de bien ajuster la bordure, en la faisant
hausser ou baisser suivant le besoin. Les deux bouts
doivent se trouver dans le bas, et, autant que possible,
placés vis-à-vis le milieu de la ligne qui sert ordinairement
de base ou de support au sujet de la médaille, et sous
laquelle se trouve l'inscription.

88. Quand on a ainsi placé toutes les bordures, on

ôte les fils en commençant par les premières médailles
arrangées. Mais comme ces bordures ne sont collées à
la médaille qu'en deux points, au sommet et au bas,
cela n'offre pas assez de solidité. Alors on éclaircit une
partie de la colle forte, en y ajoutant de l'eau bouillante, et avec un bout de bois, comme celui qui a servi
à placer la colle sur les bandes dorées, mais taillé au
bout comme un bec-d'âne de menuisier, on prend de la
colle et on l'étend derrière la médaille, tout autour,
entre la bordure et le soufre, et on laisse sécher les médailles retournées.

Lorsqu'elles sont sèches, elles sont prêtes à être placées dans un cadre ou sur des tablettes.

L'auteur le répète encore, s'il est entré dans les
minutieux et fastidieux détails que renferme ce chapitre, c'est qu'il a eu en vue d'abréger, pour ceux qui
voudront garnir des médailles en carton doré, un travail long et ennuyeux, et que l'économie de tems, dans
de pareilles circonstances, est une double économie. Il
va, dans le chapitre suivant, qui complète la première
partie de l'ouvrage, enseigner à former des tableaux
de médailles.

CHAPITRE XI.

MANIÈRE DE FORMER DES TABLEAUX DE MÉDAILLES ET DE LES ENCADRER.

89. On fera faire un cadre d'une grandeur proportionnée à celle de la tablette dont on parlera plus bas,
et sur laquelle on placera les médailles, en lui donnant, ainsi qu'à cette tablette, et autant que l'arran-

gement des médailles le permettra, une forme oblongue dont les grands côtés auront une fois et demie la longueur des petits, cette forme étant la plus agréable. Ce cadre sera fait comme ceux qui sont destinés à recevoir des gravures. Il aura seulement de plus tout autour, par derrière et à fleur du bord extérieur, une baguette saillante sur le fond d'environ 14 millimètres de largeur et d'une épaisseur égale à celle de la tablette, qui sera aussi garnie d'un rebord assez épais pour que les médailles ne touchent pas le verre, quand on placera cette tablette dans le cadre. La surface de la tablette remplira le vide du cadre par derrière, et, entre ses rebords, elle sera égale au vide que présente le cadre entre ses quatre côtés vers la feuillure (*voy.* fig. 3, la forme du cadre, et fig. 4, celle de la tablette). On voit que la baguette mise autour du cadre par derrière est destinée à cacher, par les côtés, la tablette qui doit porter les médailles.

90. On fera faire cette tablette en sapin, en peuplier ou tout autre bois léger bien sec. On coupera de la même dimension une feuille de bon carton bien uni, sur laquelle on collera proprement du papier de couleur. Si les médailles sont jaunes ou de toute autre couleur claire, on emploiera du papier bleu un peu foncé; si elles sont blanches, noires ou bronzées, on se servira de papier vert clair. Ceux de tenture conviennent parfaitement, parce qu'ils sont mats; du papier lustré irait moins bien. On collera ce carton, ainsi recouvert de papier, sur la tablette de sapin. On ajustera, sans le fixer, le tour ou l'espèce de châssis, dont l'intérieur, comme on l'a déjà dit, offrira un vide égal à l'ouverture du cadre. Ce châssis aura un peu plus d'épaisseur que les médailles, afin que celles-ci ne touchent pas le verre du cadre. Les quatre pièces du châssis seront ajustées, non à onglet, comme celles du cadre, mais le bois coupé à moitié de son épaisseur, les extrémités se recouvrant réciproquement. On collera, sur l'une des fa-

ces étroites de chaque pièce, en couvrant un peu celles du dessus et du dessous, du papier de la même couleur que celui qui garnira le fond de la tablette. Ensuite, avec des pointes de Paris, on clouera le châssis sur la tablette; les côtés garnis de papier se trouvant à l'intérieur.

91. Si les médailles à encadrer sont toutes du même module, on les placera en lignes horizontales, suivant l'ordre chronologique des événemens qu'elles retracent, et si ce sont des personnages, suivant la date de leur naissance. S'il y a de grandes médailles, on les distribuera symétriquement autour de la tablette.

Pour les arranger plus régulièrement, on divisera la hauteur de la tablette en autant de parties qu'on aura de rangs de médailles à placer horizontalement, et la largeur en autant de parties qu'il y aura de médailles dans chaque ligne horizontale, en ayant soin de laisser l'espace de 2 ou 5 millimètres entre chaque médaille; dans la direction perpendiculaire et la direction horizontale, de 7 ou 9 millimètres entre le tour du châssis et les quatre rangs qui l'avoisinent.

Il faudra prendre ses mesures de manière : 1° que les points de division des rangs horizontaux indiquent le bas de la médaille, c'est-à-dire que si l'on tirait des lignes horizontales d'un côté à l'autre, le bas des médailles s'appuierait sur ces lignes; 2° que les points de division des rangs perpendiculaires indiquent le centre des médailles, c'est-à-dire que si l'on traçait des lignes perpendiculaires, des points inférieurs aux points supérieurs, elles partageraient les médailles perpendiculairement en passant par le centre.

On marquera avec une pointe les divisions horizontales sur les bords des petits côtés du châssis. Les divisions marquées sur les grands côtés se traceront, à l'équerre et au crayon, sur une règle très-mince et bien droite, d'environ 20 millimètres de largeur et d'une longueur égale à la largeur intérieure du châssis.

92. Ces divisions ainsi tracées, il ne reste plus qu'à coller les médailles, ce qui est facile, se fait très promptement et très régulièrement. Pendant que la colle-forte chauffe, on divise, si déjà on ne l'a pas fait, ses médailles par ordre chronologique, en autant de piles qu'il doit y avoir de rangs horizontaux dans le tableau. Cet arrangement fait, on place la règle dont on vient de parler vis-à-vis le premier point tracé en haut sur chacun des petits côtés du châssis, comme si l'on voulait tirer une ligne d'un point à l'autre, et on la fixe avec deux pointes plantées aux extrémités, de manière que les trous faits par ces pointes se trouvent cachés sous les médailles du rang suivant. Puis, avec le bout de bois dont on s'est servi pour placer les bordures, on met de la colle qui ne doit pas être trop épaisse, mais bien chaude, tout autour (plutôt en dedans qu'en dehors, pour ne pas salir le fond du tableau) du bord du carton de cinq ou six médailles à la fois, suivant que la colle se met plus ou moins vite en gelée, et on les applique ensuite proprement sur le fond du tableau, en pressant légèrement sur la médaille, et en appuyant la bordure contre la règle, vis-à-vis les lignes qui y sont tracées ; de manière que si ces lignes se prolongeaient, elles partageraient les médailles perpendiculairement en deux parties égales, comme on l'a déjà dit.

Quand le premier rang est achevé, on place la règle vis-à-vis le second point des côtés, et l'on continue, comme pour le premier rang, jusqu'à la fin du tableau. Pour le dernier rang, on ne peut pas placer la règle, à cause de sa largeur, dans l'intérieur de la tablette ; on trace alors au crayon la ligne sur laquelle seront placées les médailles, et l'on se guidera pour les espacer, soit sur les rangs précédens, soit sur la règle qu'on fixera sur le bord du châssis. Au bout d'une heure ou deux, la colle est sèche.

93. La colle étant bien sèche, et les médailles tenant solidement sur la tablette, si elles sont jaunes, on les

fera briller en les brossant fortement, d'un bout d'une ligne à l'autre et dans tous les sens, avec une brosse à poils courts, bien fournie, peu dure et bien nettoyée à l'eau de savon; puis à l'eau claire, pour ne pas salir les médailles. Cette manière est bien plus expéditive que de les faire briller l'une après l'autre, avant d'y mettre le carton doré, comme on le fait pour celles qui sont d'une couleur foncée, ainsi qu'on l'a dit n° 78, ou avant de les coller sur la tablette. Cependant, si ces dernières avaient besoin d'être rendues brillantes, on pourrait les frotter, mais avec la brosse à dents, en prenant la précaution de ne pas toucher la bordure.

94. Avant de placer le tableau de médailles dans le cadre, pour empêcher la poussière et la fumée de pénétrer entre le verre et la feuillure qui le reçoit, on y colle tout autour une bandelette de papier; puis on fixe le tableau au cadre avec des clous à vis, et le plus près que l'on peut du bord extérieur, dans la crainte de percer le cadre, ce à quoi l'on prendra bien garde en n'employant pas des vis trop longues, et en ne perçant pas les trous trop profonds. On colle aussi tout autour du derrière du cadre de petites bandelettes de papier, pour garantir les médailles, soit de la fumée, soit de la poussière.

95. Les cadres de couleur brune ou acajou, conviennent aux médailles blanches, jaunes ou d'une couleur claire, et les cadres dorés ou d'une couleur claire aux médailles de couleur bronze ou noire.

96. Si l'on ne veut pas encadrer les médailles, mais en former un médailler, dans lequel elles ne seront point fixées, on fera faire un meuble ou simplement une boîte (dont le couvercle se lève et le devant s'abaisse au moyen de charnières) garnie de tablettes à rebords, de la hauteur proportionnée à l'épaisseur des médailles qu'on y veut placer. On coupera très juste, pour les coller ensuite sur le fond des tablettes, d'autres tablettes de 2 millimètres environ d'épaisseur, en sapin, ou en peuplier, ou noyer, ou tout autre bois tendre, ou bien

des feuilles de carton bien uni, qu'on percera de trous ronds proportionnés au module des médailles. Ces trous se font à la main, à l'aide d'un instrument en fer représenté figure 5, n° 1er, composé d'une pièce (a), servant de pivot, de 10 centimètres de long, surmontée d'une pomme en bois sur laquelle appuie la main qui le fait tourner, percée au bas horizontalement d'un trou carré, servant de coulisse, et terminée par une pointe qui porte un collet, afin qu'elle ne pénètre pas trop profondément ; d'une seconde pièce carrée (b), longue de 7 à 10 centimètres, glissant dans la coulisse du morceau précédent, percée elle-même d'un trou carré ou rond, dans lequel se place perpendiculairement une troisième pièce (c) terminée par une pointe d'acier bien tranchante, servant à couper le bois ou le carton, au moyen du mouvement circulaire et de la pression qu'on lui imprime. (*Voy.* fig. 5, n° 2, lettres *a*, *b*, *c*, les trois parties de cet instrument séparées.) La pièce (b) est fixée à la pièce (a), et la pièce (c) à la pièce (b), chacune par une vis à oreille, et au point qui convient suivant le diamètre qu'on veut donner au trou.

On aura soin que le tranchant n'excède pas l'extrémité de la pointe, à moins que l'on ne veuille couper de la planchette un peu épaisse, et que le côté de la lame, qui forme biseau, soit tourné du côté du centre, pour que le bois soit coupé perpendiculairement.

On aiguisera toujours le tranchant du côté du biseau, et l'on ôtera seulement le morfil du côté opposé.

Tarif du prix des médailles, jetons et pièces de plaisir en or, argent, platine, bronze et cuivre, approuvé par le ministre secrétaire d'état des finances, le 30 mars.

DU MOULEUR.	Métaux.	Titres.	FORME des MÉDAILLES ou jetons.	Valeur de la matière brute par kilogr.	Frais de fabrication à payer par kilogramme, avec les coins fournis		Total par kilog. du prix des médailles frappées, y compris la valeur de la matière et les frais de la fabrication avec		Montant par kilog. des prix anciens, y compris la valeur de la matière et les frais de fabrication.	DIFFÉRENCE en moins par ce NOUVEAU TARIF.	
					par la commission.	par les particuliers.	les coins de la commission.	les coins des particuliers.		avec les coins de la commission. (25 p. 0/0.)	avec les coins des particuliers. (33 p. 0/0.)
	Or.	916	Médailles et pièces de mariage, etc.	3,145 95	340 50	302 70	3,486 50	3,448 65	3,600	113 50	151 35
			Médailles, pièces de mariage, jetons à pans..........	207 94	54 .	48 .	261 94	255 94	280	18 06	24 06
	Arg.	950	Jetons à virole. ...	207 94	39 .	34 70	246 94	242 64	260	13 06	17 36
			Jetons cordonnés...	207 94	24 .	21 40	231 94	229 34	240	8 06	11 66

Nota. Médailles de bronze, cuivre, etc., par pièce et suivant son module.

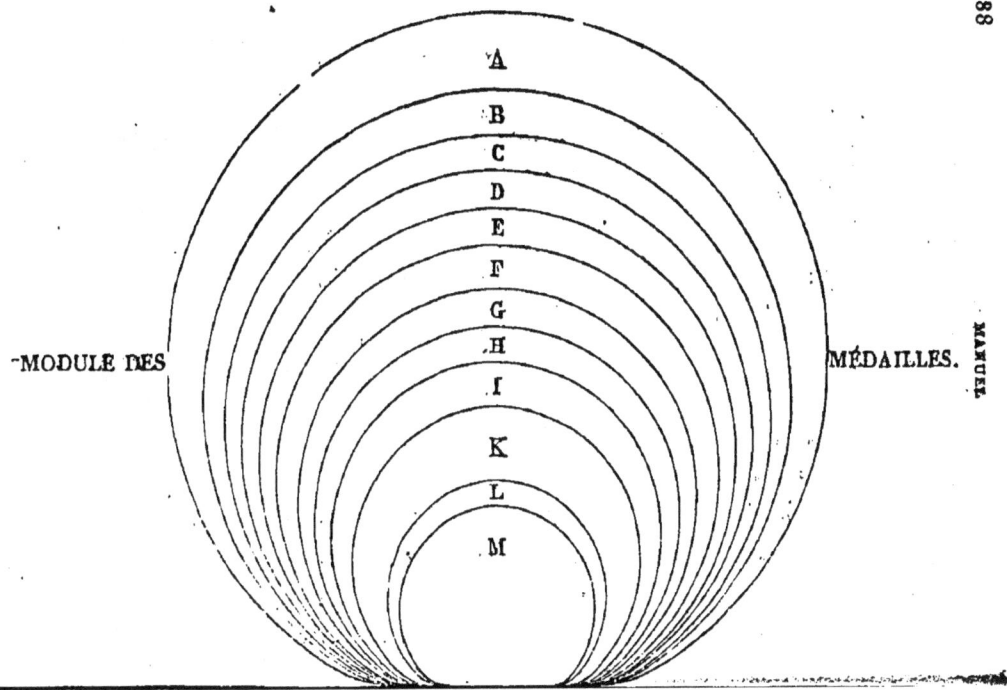

MODULE DES   MÉDAILLES.

A
B
C
D
E
F
G
H
I
K
L
M

DU MOULEUR.

MODULE. Indication.	PRIX PAR PIÈCE		PRIX ANCIENS		PLATINE.
	avec les coins de la commission.	avec les coins des particuliers.	avec les coins de la Monnaie.	avec les coins fournis.	
A. 36 lig. ou 81 millième.	9 »	4 50	12 »	6 »	Le prix de fabrication du kilogramme de platine, sera le même que celui fixé pour la fabrication des médailles, pièces de mariage, etc., en or. Le prix du platine sera réglé de gré à gré entre l'éditeur et le directeur, à moins que l'éditeur ne désire fournir lui-même le platine.
B. 32.....72 50....	7 50	3 75	10 »	5 »	
C. 30.....68....	6 »	3 »	8 »	4 »	
D. 28.....63....	5 25	2 65	7 »	3 50	
E. 26.....59....	4 50	2 26	6 »	3 »	
F. 24.....53....	3 75	1 90	5 »	2 50	
G. 22.....50....	3 »	1 50	4 »	2 »	Les médailles, jetons et pièces de plaisir d'or ou d'argent, devront être au titre de 916 mill. pour l'or et de 950 mill. pour l'argent, conformément aux règlemens et tarifs, et sauf les tolérances déterminées par la loi. Elles ne seront émises qu'après que le titre en aura été constaté par la commission des monnaies et jugées par elle à l'instar des espèces monnayées.
H. 20.....20....	2 65	1 35	3 50	1 75	
I. 18.....18....	2 25	1 15	3 »	1 50	
K. 16.....18....	1 50	» 75	2 »	1 »	
L. 12.....27....	1 15	» 60	1 50	» 75	
M. Au-dessous........	» 40	» 20	» 50	» 25	
Jetons. à pans.	» 70	» 60	» »	» 80	
à virole.	» 50	» 40	» »	» 50	
cordonnés.	» 50	» 25	» »	» 30	

La collection des portraits des rois de France de 70 jetons, prix 27 francs.
(*Nota.* Les nouveaux prix présentent une réduction de 25 pour cent sur les anciens.)

Louis-Philippe, etc.,

Vu la loi en date du 2 mars 1832, sur la liste civile;

Vu l'arrêté du gouvernement du 5 germinal an 12 ;

Sur le rapport de nos ministres secrétaires d'état des finances et du commerce et des travaux publics,

Nous avons ordonné et ordonnons ce qui suit.

Art. 1er La monnaie des médailles est réunie à la commission des monnaies dans les attributions de notre ministre des finances.

Néanmoins, il ne sera procédé à la fabrication des médailles, jetons et pièces de plaisir que sur la remise qui devra être faite à la commission des monnaies, d'une autorisation de notre ministre du commerce et des travaux publics.

2. Les frais de fabrication seront fixés par un tarif délibéré par la commission des monnaies, et soumis à l'approbation de notre ministre des finances.

3. Conformément à l'art. 5 de la loi du 2 mars sur la liste civile, il sera remis sur l'inventaire à l'agent désigné par l'intendant général de notre liste civile, six collections des médailles existant au Musée de la monnaie des médailles frappées antérieurement au 1er janvier 1832.

Six exemplaires des médailles frappées depuis le 1er janvier dernier et qui seront frappées à l'avenir continueront d'être remises, comme il a été d'usage jusqu'à ce jour, pour servir aux collections du roi.

4. Seront également remis au même agent comme faisant partie de la dotation mobilière de la couronne, les meubles meublans placés dans l'hôtel de la Monnaie des médailles et qui sont compris dans les inventaires du garde-meuble.

5. Il sera tenu compte par le trésor public à notre liste civile, des avances de toute nature faites pour le service de la monnaie des médailles depuis le 1er janvier dernier.

6. Les coins et matrices appartenant à l'état ou aux

graveurs, maintenant déposés à la Monnaie des médailles, seront remis sur l'inventaire au Musée moné-
taire des monnaies.

Les balanciers, laminoirs et autres ustensiles employés
à la fabrication des médailles, ainsi que les matières et
médailles destinées à la vente, distraction faite des
collections mentionnées en l'article 3 de la présente ordonnance, seront remis sur inventaire préalable au di-
recteur de la monnaie de Paris.

7. Nos ministres secrétaires d'état des finances et du
commerce et des travaux publics sont chargés de l'exé-
cution de la présente ordonnance. Paris, le 24 mars
1832.

~~~~~~

SECONDE PARTIE.

DU CLICHAGE DES CREUX OU RELIEFS EN MÉTAL, SUR DES MODÈLES EN BRONZE OU EN AUTRES MÉTAUX, SOIT MÊME SUR DES MODÈLES EN BOIS, EN PLATRE OU EN SOUFRE.

---

97. Le clichage est l'art d'obtenir des empreintes (en creux ou en relief) en faisant tomber les moules, à l'aide de la main ou d'une machine, sur un métal ou un alliage métallique, au moment où, après avoir été fondu, il revient à l'état pâteux et est près de reprendre sa solidité. Aucun ouvrage sur cet art, relativement aux médailles, n'a encore paru, et nous ne connaissons d'écrits qui aient traité du clichage, que quelques ouvrages sur la typographie, qui ne le considèrent que dans les rapports qu'il peut avoir avec elle ; l'article, à peu près insignifiant, qui se trouve dans le *Dictionnaire technologique*, au mot *clicher*, et un rapport fait à la Société d'encouragement par M. Darcet, le 12 février 1806. Ce rapport m'a été d'une grande utilité : j'ai joint aux renseignemens que j'y ai puisés le résultat de mes observations et de mes expériences. Le chapitre V, où j'enseigne la manière de bronzer les clichés, m'appartient tout entier, et j'ai mis en pratique les procédés qu'il renferme, depuis l'année 1822.

Ce sont principalement les médailles que nous avons

eu en vue dans notre travail. Sous ce rapport, le clichage offre de grands avantages pour le moulage des
médailles et une grande économie de modèles. En effet,
avec les mêmes creux en métal, on peut multiplier les
médailles, soit en alliage, soit en plâtre, soit en soufre,
sans altérer les matrices ; et les épreuves, quelque multipliées qu'elles soient, sont toutes également belles ;
tandis que les moules en plâtre sont hors de service
quand on en a tiré quatre ou cinq épreuves, dont les
dernières ne valent jamais les premières, à moins que
les moules n'aient été durcis à l'huile lithargirée, et
que les matrices en soufre sont sujettes à se briser et à
s'endommager trop facilement sur les bords, en raison
de la fragilité de la matière. Mais un des plus grands
avantages des creux en métal, c'est de pouvoir se procurer, à peu de frais, des médailles en alliage aussi belles
que celles en bronze, soit par le fini, soit par la teinte
qu'on peut si bien imiter, que l'œil le plus exercé a
peine à y trouver quelque différence.

L'antiquaire, l'amateur de médailles pourra remplacer les plâtres et les soufres de son cabinet par des clichés métalliques ; ses empreintes, devenues solides,
jouiront de l'avantage d'être multipliées plus facilement
en diverses matières, comme nous venons de le dire,
sans craindre de les altérer, et ses richesses s'augmen-
teront par l'échange des copies qu'il en pourra faire.

Quoique cet ouvrage ait pour objet principal les médailles, nous dirons, en passant, qu'avec son seul secours, l'imprimeur, en province surtout, pourra multiplier lui-même ses vignettes et autres ornemens, et
même ses gros caractères, au moment où il en aura
besoin, sans être obligé de retarder souvent à grands
frais, ses travaux, en attendant qu'il ait fait venir de
la capitale ce qui lui est nécessaire.

Le relieur, le gaufreur pourront également multiplier
à bon marché les moules qu'on leur fait payer si cher.

Enfin, il est plusieurs autres arts et métiers qui peuvent tirer de très grands avantages de ce procédé.

Les principes que nous allons établir, les développemens que nous leur donnerons, suffiront pour que toute personne un peu intelligente puisse clicher avec succès. L'appareil n'est pas coûteux, et, pour clicher les petits objets, on peut même s'en passer. Nous avons cliché long-tems des médailles sans aucune espèce de machine et seulement à la main.

CHAPITRE PREMIER.

DESCRIPTION DE LA MACHINE A CLICHER ET DE SES ACCESSOIRES.

98. Cette machine (*voy.* fig. 6) est une espèce de mouton dont on gradue la force à volonté, soit en augmentant ou diminuant la hauteur de la chute, soit en ajoutant au sommet de la tige des poids sphériques plus ou moins lourds. En voici la description :

Sur un plateau (A) fig. 6, de 117 centimètres carrés environ et de 5 centimètres d'épaisseur, composé de deux fortes planches ou de deux plateaux minces en bois dur, unis à l'aide de chevilles, de manière que les fils du bois soient croisés, pour éviter que la chaleur du métal ne le fasse gauchir, s'élèvent, à 21 ou 24 centimètres l'un de l'autre, deux montans BB, de 65 centimètres de long sur 14 centimètres carrés, fixés au plateau au moyen de deux tenons. Deux traverses CC, de 5 centimètres de large sur 34 millimètres d'épaisseur, aussi ajustées à tenons, unissent ces montans, l'une placée à 8 centimètres de leur sommet, et l'autre 16 centimètres au-dessus de la première. Ces traverses sont percées, au milieu, d'un trou carré de 34 millimètres, que l'on peut garnir de coussinets en cuivre, dans lesquels glisse perpendiculairement une tige en bois dur et de fil D, d'environ 55 centimètres de longueur, terminée à l'extrémité supérieure par une vis de 9 à 11 millimètres de long, et à la partie inférieure, par une autre vis de 34 millimètres. A celle du haut se joignent, au moyen d'écrous, des boules en fer ou en fonte de différentes grosseurs, pour augmenter le poids du mouton, en proportion de la grandeur des pièces à clicher, de la profondeur du relief et de la dureté de la matière du modèle. De distance en distance sont pratiqués de petits crans servant à recevoir une détente, à l'aide de laquelle on fixe la tige à la hauteur que l'on veut. A la vis du bas de cette tige s'adaptent enfin, au moyen d'écrous, 1° la pièce en bois E, fig. 7, tournée, et d'un diamètre proportionné à celui du mandrin F ; 2° ce mandrin lui-même, fig. 8.

99. Ces mandrins, qui ne sont autre chose que des cylindres tournés, portant une petite saillie ou collet d'environ 2 millimètres au point G, doivent être en bois dur, bien sec, longs de 81 millimètres et d'un diamètre égal au module de la médaille ou du moule à clicher, et coupé bien d'équerre aux deux bouts. Quand on voudra clicher des médailles qui ont deux faces, pour que le relief du côté qui touchera le dessous du cylindre n'éprouve aucun dommage, et que la médaille appuie bien tout autour du cylindre, il faudra y faire une espèce de creux, comme on le voit dans la coupe figure 9. On entourera la partie inférieure de ces cylindres, jusqu'au collet G, d'une bande de tôle, ordinairement appelée fer noir, mince comme le plus léger ferblanc, afin qu'elle soit plus souple, et embrasse mieux le contour de la médaille.

La fig. 10 offre ce cylindre non garni, et la figure 11

le représente entouré de la bande de fer noir. Il faut que ces bandes, avant d'être arrondies par le ferblantier, forment un parallélogramme rectangle, de manière que les deux côtés qui tendent à se joindre n'aient point d'excédant l'un sur l'autre, afin que les clichés aient tout autour la même épaisseur. Il faut aussi que ces espèces de tuyaux cylindriques excèdent la surface de la médaille ou du modèle qu'on veut clicher, de toute l'épaisseur qu'on veut donner à l'empreinte; et qu'il s'en manque environ 2 millimètres que les deux côtés de ces tuyaux se réunissent, afin que cet espace vide serve d'évent, c'est-à-dire donne passage à l'air, au moment où l'on cliche, pour éviter les soufflures. (*Voy.* la fig. 11).

On serrera, avec une forte ficelle, ce tuyau autour du cylindre; en l'appuyant bien, dans tout son contour, contre le collet G, et on le fixera, près de ce collet, avec deux vis à bois placées près des points de réunion *b*, *b*; la partie inférieure demeurant libre, afin qu'on puisse introduire facilement la médaille ou le moule à clicher; puis on ôtera la ficelle.

La partie inférieure, lorsqu'on y aura placé la pièce à clicher, se serrera autant que possible, à l'aide d'une tresse assez forte, à laquelle on fera faire cinq ou six tours, en commençant à 5 ou 7 millimètres du bord, et qu'on arrêtera par un nœud ou une boucle, soit mieux encore à l'aide d'une virole en fer noir, très mince, faite en la forme indiquée figure 12, en ayant soin, pour que cette espèce de virole joigne bien au cylindre de fer noir, et qu'elle le serre mieux dans toute sa circonférence, de faire passer ce cercle sur la partie en fer qui porte la vis, comme on le remarque sur cette figure; afin de pouvoir fraiser les rivures, de manière qu'elles ne fassent point de saillie en dedans, ce qu'on n'obtiendrait pas en mettant le fer noir dessous, parce qu'il est trop mince pour qu'on puisse le fraiser.

100. Comme il faut autant de ces mandrins cylindri-

ques , autant de garnitures en tôle et de viroles pour les serrer, qu'il y a de modules de médailles, on pourrait employer le mandrin inventé par M. Darcet, qui serait plus économique. (*Voy.* fig. 18 et 19, le plan et l'élévation de ce mandrin , qui se visse aussi à l'extrémité de la tige du mouton.) Le côté inférieur représente une espèce de boîte en bois dur , de 3 millimètres de profondeur, dont les bords ou côtés ont 7 à 9 millimètres d'épaisseur et sont garnis de 4 écrous qui reçoivent des vis en fer destinées à serrer la médaille ou la matrice à clicher. On entoure la médaille d'une virole en tôle , telle que celle que nous venons de décrire à la fin du n° précédent , mais d'une largeur d'environ 27 millimètres , afin qu'elle puisse servir pour des objets de différente épaisseur ; on y fait une ou deux échancrures pour laisser passage à l'air ; on la laisse déborder la tranche ou le tour de la médaille de l'épaisseur qu'on veut donner à l'empreinte , et l'on garnit exactement le vide qui est derrière avec le mastic dont la composition est à la note du n° 103. Le derrière de la virole garni de ce mastic , on serrera la vis de la virole , de manière que le métal ne puisse s'insinuer entre elle et la médaille. Au lieu de virole en fer , on pourra se servir, surtout si les modèles sont en soufre qui est très fragile , d'une bande de carton amincie aux deux bouts , qui fera un, deux ou trois tours et sera arrêtée avec du pain à cacheter ou de la colle. On y pratiquera un ou deux crans pour servir d'évents. On placera enfin la médaille ainsi garnie dans le mandrin de bois , auquel on la fixera à l'aide des quatre vis.

Si ce mandrin présente plus d'économie que celui que nous avons décrit n° 99 , il offre moins d'avantage sous le rapport de l'emploi du tems ; car, pour placer la médaille dans le premier , il ne faut tourner qu'une seule vis, celle de la virole , tandis qu'ici il faut en outre faire jouer les quatre du mandrin. Une autre économie de tems avec l'usage du premier , c'est que si vous avez un certain nombre de médailles de différens modules, vous pouvez les fixer toutes d'avance à autant de ces mandrins, et sitôt que l'une est clichée, remplacer à la tige de la machine le premier mandrin par un autre. Le métal étant aussi remis plus promptement sur le feu, il fond plus vite, et il n'y a pour ainsi dire point de tems perdu.

Un troisième avantage des mandrins cylindriques, c'est que la colonne d'air qu'ils refoulent en tombant sur le métal n'a pas plus de surface que la médaille, tandis que le mandrin de M. Darcet presse une colonne d'air d'une surface plus étendue que celle de l'objet à clicher : ce qui doit occasioner plus de soufflures, comme l'observe très bien M. Darcet ; car l'opération ayant lieu dans un milieu moins agité, les empreintes en seront plus belles, et elles seraient parfaites si l'on pouvait opérer dans le vide.

Cependant l'usage du mandrin de M. Darcet et des viroles en carton devient indispensable, lorsqu'on a à clicher des objets qui ne sont pas cylindriques ou d'une forme régulière.

101. Les médailles modernes s'exécutent sur un certain nombre de modules, au nombre de dix ou douze au plus, depuis 20 millimètres, pour les plus petites, jusqu'à 81 millimètres pour les plus grandes (101). Celles d'un plus grand module ont ordinairement trop de relief pour être clichées sans soufflures, parce qu'en frappant, l'air se trouve comprimé dans les creux. Il suffira donc d'avoir autant de mandrins qu'il y a de modules différens.

Mais quand on aura à clicher des objets qui n'auront pas la forme circulaire ou qui seront d'une trop grande dimension, au lieu de se servir de mandrins cylindriques, on emploiera celui de M. Darcet, en lui donnant de plus grandes proportions.

(101) Voir le tableau à la suite du n° 96.

102. Si l'on veut éviter en partie l'effet de la compression de l'air dans le vide formé par les liteaux ; on se servira d'une planchette qui n'en sera point garnie ; on entourera d'une virole en fer noir ou en carton, comme on l'a dit plus haut, l'objet dont on veut prendre l'empreinte ; mais on ne donnera à la virole que la hauteur suffisante pour qu'elle excède la surface du modèle de l'épaisseur qu'on veut donner au moule, et on fixera le modèle à la planchette, avec le mastic dont la composition est indiquée à la note du numéro suivant.

103. Dans tous les cas, lorsque l'objet à clicher (surtout si c'est une matière fragile, telle que le soufre et le plâtre) n'offre pas au revers une surface plate, ou qui n'est pas parallèle au côté gravé, il faut, pour rétablir le parallélisme, que le carton excède le revers autant qu'il est nécessaire, et l'on remplit ce vide en y coulant du plâtre, ou du soufre, ou du mastic, dont voici la composition (103), afin que le moule ne porte pas à faux. Si le modèle est en soufre mince et non garni derrière, on emploiera le mastic au lieu du plâtre ou du soufre qui le feraient fendre.

(103) Ce mastic ne doit servir qu'à empêcher le moule de porter à faux ; il n'est pas nécessaire qu'il adhère à la matière dont le moule est composé, il faut seulement qu'il en prenne bien toutes les inégalités ; il est même important qu'il puisse s'en détacher facilement, sans être sali par le plâtre, pour servir à d'autres opérations.

Le mastic dont voici la recette, d'après M. Darcet, a été composé d'après ces principes, et jouit bien de toutes ces propriétés ; il fond facilement ; coule bien et se détache du moule au moindre choc donné sur la tranche.

On fait fondre ensemble et on mélange bien,

Résine de térébenthine.............. 20 parties
Résine pilée en poudre fine........ 40
Cire jaune........................ 5

Quand ce mastic a été fondu un grand nombre de fois, il devient plus tenace en perdant sa fluidité, il faut alors remplacer la quantité de cire ou d'huile essentielle de térébenthine qui s'est évaporée, et rétablir ainsi les proportions premières.

104. Le parallélisme entre la surface de la matrice ou de la médaille à clicher avec le métal en bain, est une chose essentielle sous deux rapports : d'abord parce que toute la surface de la matrice frappant en même tems et également sur le métal, l'empreinte est plus parfaite et, en second lieu, parce qu'elle a tout autour la même épaisseur, ce qui est une grande économie de tems, car il est fort long et par conséquent fort ennuyeux d'établir cette égalité d'épaisseur avec une râpe ou une lime.

105. Quand on cliche à l'aide de la machine, si les matrices sont en matières dures, si elles ont beaucoup de relief ou une grande dimension, il faut donner plus de poids au mouton par les moyens dont on a parlé au n° 98. Mais si les moules sont en plâtre ou en soufre, il faut proportionner la force du choc à la résistance de ces corps, de crainte de les briser en frappant.

106. Comme le métal, au moment où l'on cliche, n'est pas à l'état solide, que la pression du mouton le fait souvent jaillir, et que cela pourrait occasioner de graves accidens, surtout si c'est de l'étain ou un alliage fusible à une haute température, on aura un châssis mobile en carton ou en fer noir, de 24 à 29 centimètres de hauteur, renfermant dans sa circonférence les montans de la machine, comme un segment de cercle (*voy.* fig. 15), garni dans son pourtour de quatre ou cinq goujons en gros fil de fer, qui entreront dans des trous correspondans percés sur le plateau, de manière que ce châssis s'enlève à volonté, afin qu'on puisse ajuster commodément les mandrins à la tige de la machine, les enlever et retirer le métal qui aura jailli à l'intérieur. Le devant s'élevera et s'abaissera librement comme le devant d'un écran, à l'aide d'une coulisse et d'un poids attaché à un cordon, de manière à ne pas gêner au moment du clichage, ni dans les préparations qui le précèdent.

107. Quand les médailles n'offrent qu'une petite ou une moyenne surface, qu'elles n'ont pas un grand relief, ou qu'elles sont en plâtre ou en soufre, au lieu d'employer la machine, ou si l'on n'en a point, on peut les clicher à la main. On se sert à cet effet de mandrins tels que ceux décrits n° 99, et garnis de même; mais on leur donne une longueur d'environ 108 millimètres, et l'on abat un peu les arêtes à l'extrémité supérieure (*fig.* 16), de manière que la main n'en soit pas blessée lors du choc. On a soin de garnir son poignet d'une espèce de bracelet à 81 ou 108 millim. de large, en cuir fort et souple, fixé avec deux boucles, et l'on met un gant de peau de daim ou de chamois pour ne pas être brûlé par le métal qui jaillit, surtout si c'est de l'étain, ou un alliage fusible à une température plus haute que celui de Darcet. Il faut aussi bien prendre garde au visage, et il ne serait pas mal de le couvrir d'un masque en carton, ayant aux yeux de grandes ouvertures rondes, garnies de simple verre bien pur. Il faudra s'habituer aussi à frapper bien d'aplomb, pour les raisons dites n° 104.

La machine à clicher et ses accessoires ainsi décrits, nous allons passer à la manière de préparer les modèles.

CHAPITRE II.

CONFECTION ET PRÉPARATION DES MODÈLES EN PLÂTRE ET EN SOUFRE.

§ 1er. *Des modèles en plâtre.*

108. Nous supposerons toujours que le modèle est en relief. On conçoit aisément que le même procédé s'applique à la multiplication des modèles en creux.

Les modèles dont on veut obtenir des clichés se font avec du bon plâtre sur des soufres ou des plâtres durcis à l'huile siccative, en prenant toutes les précautions indiquées Ire partie, chap. III, n° 6 et suivans (109). On aura le plus grand soin surtout que la première couche qui s'étend au pinceau soit assez claire pour rendre les moindres détails du sujet, et ne pas produire sur l'empreinte ces soufflures qui ressemblent au pointillé de la miniature, qui échappent à la vue simple, mais non à la loupe, et qui occasionent sur l'empreinte en métal autant d'aspérités très sensibles au toucher et qui ôtent aux clichés tout leur prix. Il faut que les modèles offrent à l'œil tout le brillant et le poli de la médaille.

109. On donnera aux reliefs l'épaisseur convenable pour qu'ils ne se brisent pas sous le choc, et aussi égale que possible pour les médailles du même module, afin que la même virole ou le même cylindre puisse servir pour tous, et que les creux par conséquent aient tous la même épaisseur. Il faudra aussi que la tranche des médailles modèles soit bien perpendiculaire aux plans des deux faces, ce qui sera l'effet de leur parallélisme, chose essentielle, et empêchera que le métal ne s'insinue entre le modèle et la virole.

On fera sécher les plâtres à l'air libre, s'il fait chaud, ou dans une étuve d'une chaleur de 60 à 80 degrés au plus, du thermomètre centigrade : une plus haute température leur ferait perdre leur solidité et les rendrait peu propres à supporter l'encollage et la moindre pression.

110. On pourrait, à la rigueur, obtenir des creux passables en alliage, avec ces modèles en plâtre, lors-

---

(109) Nous ne parlons pas ici des médailles en métaux. Il est clair qu'il vaut mieux en prendre des empreintes clichées que de les faire en plâtre. Cependant comme il est des occasions où l'on n'a pas de l'étain ou des alliages à clicher, et que le plâtre et le soufre sont plus faciles à trouver, on agira suivant les circonstances.

qu'ils sont bien secs, surtout pour de petites médailles
qui ont peu de relief, en donnant à ces creux peu d'é-
paisseur, car plus le métal est mince, plus tôt il se re-
froidit, et moins il altère le modèle et y adhère. Mais
si le cliché ne réussit pas du premier coup, on ne peut
recommencer avec le même modèle, qui se trouve presque toujours hors d'état de servir une seconde fois.
Pour parvenir à des résultats plus satisfaisans, il faut
rendre les plâtres plus solides, en remplissant avec un
corps étranger, non seulement les pores qui se trouvent
à sa surface, mais encore ceux en plus grand nombre,
qui se trouvent, pour ainsi dire, voilés par elle, et
s'en approchent de si près que le moindre choc les dé-
couvre. On ne peut boucher complètement les premiers;
mais en donnant de la solidité au moule, on empêche
les seconds de céder, et l'on contribue surtout, par ce
moyen, à obtenir des clichés dont la surface est polie.

On ne peut atteindre ce but qu'en employant une
substance liquide qui pénètre aisément le plâtre desse-
ché; il faut qu'elle se durcisse promptement, sans former d'épaisseur à la surface du modèle, et sans altérer
le fini du travail; il faut enfin que la matière employée,
quand elle est sèche et qu'elle emplit les pores du plâtre, ne puisse pas se ramollir ou ressuer à la chaleur
nécessaire pour le clichage. La fusibilité de l'alliage de
M. Darcet, à une température peu élevée, remplit
parfaitement cette dernière condition.

L'huile lithargirée conviendrait parfaitement pour
remplir les pores des plâtres; ceux qui en sont imbibés
depuis long-tems résistent parfaitement au choc et peuvent fournir un assez grand nombre d'épreuves sans se
détériorer, surtout si on les laisse reprendre à chaque
fois la température ordinaire; mais il faut des années
pour la combiner au moule de manière que la chaleur
de l'alliage ne la rappelle pas à la surface.

L'on doit donc donner la préférence à la colle et à la

gomme, qui, n'ayant que l'eau pour excipient, donnent des résultats prompts et d'autant meilleurs que,
dans les deux cas, la solidité est extrême. Leur usage
offre à peu près les mêmes avantages, quant aux effets
produit; mais les colles animales, coûtant beaucoup
moins que la gomme, étant d'un emploi plus facile et
donnant peut-être même plus de solidité aux grandes
pièces, nous conseillons d'employer la colle forte pré-
férablement à la gomme.

111. On fait tremper à froid, pendant dix ou douze
heures, et dissoudre ensuite à chaud au bain-marie,
dans un vase en cuivre dont se servent les menuisiers,
un hectogramme de belle colle de Flandre, dans 2
kilogrammes d'eau, une plus ou moins grande quantité
de ces deux substances, suivant le besoin, mais toujours dans la même proportion. On peut opérer d'a-
bord la dissolution de la colle dans le vase en cuivre,
avec une partie seulement de l'eau, s'il est trop petit ;
la dissolution opérée, on verse le mélange dans un vase
neuf de terre vernissée, on ajoute le restant de l'eau,
on fait chauffer le tout légèrement, et on le passe à
travers un linge fin ou une étamine, pour enlever toutes ordures ou corps étrangers.

112. Avant de se servir de la dissolution, on la fait
chauffer de nouveau dans le grand vase, presque jusqu'à l'ébullition, et l'on y plonge les plâtres bien secs
et légèrement chauffés, en les plaçant, l'empreinte en
dessus, sur une écumoire ou une grille comme celle
décrite première partie, n° 37. L'air contenu dans le
plâtre se dilate, s'échappe en formant une espèce d'é-
bullition à la surface du liquide, et l'eau, en prenant
sa place, entraîne avec elle, dans l'intérieur des moules, la colle qui est dans un grand état de division.
Dès qu'il ne se dégage plus d'air, on retire les plâtres,
on les secoue, et l'on souffle fortement sur la surface
gravée, pour éviter qu'il ne s'y forme, par le refroi-

dissement , des pellicules de colle qui ôteraient tout le fini de l'ouvrage (112.)

Une seule immersion ne suffit pas pour donner aux moules de grande dimension la solidité convenable. On y parvient en répétant plusieurs fois l'immersion. Il ne faut cependant pas dépasser certaines limites ; car les moules qui contiendraient trop de colle se fendraient et s'écailleraient en séchant, ce qui arrive surtout quand la dessiccation, poussée trop vite, rejette la colle à la surface.

114. On laisse sécher lentement les modèles ainsi préparés : sur la fin de l'opération, on peut cependant élever la température jusqu'à 50 ou 60 degrés du thermomètre centigrade, et apporter les mêmes précautions que celles prescrites pour la dessiccation des moules non encollés. (*Voyez* n° 10.)

115. Pour les objets délicats, on pourra ne pas immerger entièrement les modèles dans le liquide , en sorte qu'il n'en couvre pas la surface , la dissolution y pénétrera toujours et ne s'élevera pas au-dessus ; l'on n'aura point à craindre les pellicules de colle , et l'on n'aura pas besoin de souffler sur les plâtres pour parer à cet inconvénient.

116. La proportion indiquée entre la quantité d'eau et de colle est celle que l'expérience a démontrée être la plus convenable. Elle est telle, que le mélange qui se prend en gelée à la température de l'atmosphère, peut redevenir fluide par la moindre augmentation de chaleur. Cette proportion , relativement à la colle , devrait plutôt être affaiblie qu'augmentée; aussi, faut-il remplacer l'eau à mesure que l'évaporation en diminue la quantité ; car la dissolution , en s'épaississant , ne pénétrerait pas

---

(112) On pourra se servir, avec peut-être plus d'avantage, d'une solution légère de colle de poisson, qui empâtera moins les médailles et leur donnera encore plus de ténacité. (*Voyez* note 51.)

le plâtre facilement ; elle se refroidirait à la surface et y formerait des épaisseurs considérables.

117. Comme la colle est une matière animale, et que, mélangée à une si grande quantité d'eau, elle ne peut devenir solide avant de se gâter, on aura soin de ne pas laisser la solution plusieurs jours sans s'en servir, surtout pendant la chaleur. Si l'on faisait usage du mélange altéré, il ne produirait plus aucun effet.

118. On ne doit employer les moules encollés que lorsqu'ils sont parfaitement secs ; et comme ils attirent l'humidité de l'air à cause de la colle qu'ils contiennent, on les conservera dans un lieu sec, et on les échauffera légèrement quelque tems avant le clichage, qui ne doit se faire qu'après l'entier refroidissement des moules, qu'on doit aussi laisser refroidir après chaque épreuve qu'on en tire.

§ 2. Des modèles en soufre.

119. On coulera sur des modèles en plâtre, passés ou non à l'huile lithargirée et faits avec toutes les précautions indiquées n° 108, et dans la première partie de cet ouvrage, des creux ou des reliefs en soufre, d'une épaisseur capable de résister au choc du mouton ; cette matière étant fragile, et la moindre chaleur la faisant casser avec un petit cri. Pour remédier en partie à cet inconvénient, on entourera les modèles d'une bande de carton mince qui n'en excède pas le bord, et l'on pourra garnir le vide d'environ 3 millim. à 6 millimètres qu'on laissera derrière, avec du plâtre ou du ciment de Pouilly, ou du mastic, en ayant soin d'établir la tranche ou le tour bien perpendiculaire au plan de la médaille et les deux plans bien parallèles, pour les motifs déduits n° 104.

120. Nous venons de dire que le soufre cassait à la moindre chaleur. Cela est vrai, quand il est fondu de-

puis plusieurs heures, et qu'il a repris la couleur qu'il avait auparavant. Nous avons déjà remarqué, première partie, n° 21 à la fin, qu'immédiatement après avoir été coulé, et même une heure ou deux après, il se coupait presqu'aussi facilement que du savon : c'est le moment qui convient le mieux pour clicher, car alors on peut tirer plusieurs épreuves avec la même matrice, sans qu'elle se brise ou que la surface s'enlève en écailles, comme cela arrive quand les moules sont fondus depuis long-tems (120).

121. On augmentera beaucoup la résistance et la dureté du soufre, en y ajoutant le quart ou le cinquième en volume d'oxide ou battitures de fer qui se trouvent au pied de l'enclume des forgerons. On les pulvérisera dans un mortier de fer, et on les passera ensuite au tamis. En coulant, on aura soin de remuer chaque fois le fond du vase et de prendre une portion de l'oxide, parce que cette matière étant plus pesante que le soufre, elle se précipite au fond, où elle resterait sans cette précaution (121).

(120) Nous avons souvent remarqué qu'ayant oublié des moules en soufre coulés même anciennement, sur un poêle en faïence chauffé modérément, ces moules loin de se casser, comme on aurait pu s'y attendre, reprenaient au contraire toutes les qualités qu'ils avaient une heure après avoir été coulés. Nous avons même pu les couper très facilement. On pourra profiter de la connaissance de cette propriété du soufre, pour faire légèrement chauffer les moules, lorsqu'il s'agira de les employer au clichage.

(121) On fera bien d'employer, pour toute espèce de moules ou médailles en soufre, l'alliage indiqué ici. Il donne au soufre la plus grande dureté qu'on puisse atteindre, en formant avec lui une combinaison intime qui est un véritable sulfure de fer.

CHAPITRE III.

DE L'ÉTAIN ET DES ALLIAGES DONT ON SE SERT POUR
CLICHER, ET DE LEUR PRÉPARATION.

§ 1er. *De l'étain et des alliages.*

122. L'étain convient mieux que tous les alliages
pour la confection des creux sur les médailles ou autres
reliefs en fer, acier, cuivre, bronze et argent. Il doit
obtenir la préférence en raison de sa dureté, qui rend
les matières moins sujettes à s'altérer que celles en alliage. Le plus fin est le meilleur. Cependant l'emploi de
l'étain offre un petit inconvénient : l'application immé-
diate de la médaille qui est froide, sur le métal, qui est
encore à une haute température, même quand il parvient à l'état pâteux en perdant de sa chaleur, produit
une effervescence qui occasione assez ordinairement sur
le moule des espèces de boursoufflures ou d'ondulations
peu sensibles à la vue, mais qui cependant font que la
surface n'en est pas parfaitement plane et n'offre pas
tout le brillant de la médaille. On évitera ce léger défaut
en se servant des alliages ci-après.

123. Les deux alliages suivans ne doivent s'employer
que pour obtenir des matrices sur fer, acier, argent,
bronze et cuivre. Ils sont moins durs que l'étain, mais
les creux qu'on en retire ont un fini et un poli tels que
celui des médailles. Il faut une assez haute température pour les faire fondre, cependant moindre que celle
qui fait entrer l'étain en fusion. C'est pourquoi on ne

s'en servira point sur le bois, le plàtre, ni le soufre, pas même sur l'étain.

1° Plomb.. 10		2° Plomb...	
Bismuth. 1	parties.		parties égales.
Étain... 5		Bismuth..	

124. Le succès du clichage sur des moules en plâtre ou en soufre dépend beaucoup de la fusibilité de l'alliage dont on se sert. Le plus facile à fondre offre le plus d'avantage ; mais, pour jouir de toutes ses propriétés, il faut que les métaux qui entrent dans sa composition soient purs, et qu'ils y soient unis dans les proportions qui donnent au mélange la propriété de devenir fluide à la moindre chaleur possible. De nombreuses expériences ont prouvé que les trois alliages suivans réunissent les qualités convenables. Tant qu'ils sont chauds ils sont cassans : froids, ils sont assez malléables pour résister au choc, et assez durs, surtout le premier, pour garantir les empreintes du frottement, et donner la facilité de les retoucher au burin et au grattoir.

1° Plomb...5		2° Plomb..2		3° Zinc..	Parties
Bismuth..8	p.	Bismuth.3	p.	Bism.	égales.
Étain....3		Étain...1		Étain.	

Ces trois alliages, dont le premier est celui de M. Darcet, sont plus durs que les deux précédens. Les deux premiers fondent à peu près à la même température, 93 degrés du thermomètre centigrade, 7 degrés au-dessous de la chaleur de l'eau bouillante. Le dernier, le plus fusible de tous, reste en fusion quand on le tient dans une carte au-dessus de la flamme d'une chandelle ou d'une lampe. Pour clicher des médailles sur des creux en étain, on donnera la préférence au métal de M. Darcet, qui prend parfaitement le bronze.

§ II. *Manière de préparer les alliages.*

125. On fait fondre dans un poêlon de fer les divers

métaux, en commençant toujours par les moins fusibles ;
autrement l'alliage ne pourrait se faire d'une manière
convenable, en raison de ce qu'il faudrait élever la température des métaux d'une fusion facile jusqu'au degré
où ceux moins fusibles pourraient y entrer, ce qui occasionerait en partie l'oxidation du premier métal, en
diminuerait la quantité, et détruirait par conséquent
les proportions données. Voici, suivant le thermomètre
centigrade, l'ordre de fusibilité des métaux que nous
employons :

Zinc..... + 370°
Plomb.... + 260°
Bismuth.. + 256°
Étain.... + 210°

Il faut remarquer que le zinc se volatilise quand on
l'expose à une température plus élevée que celle à laquelle il entre en fusion, et qu'en général les autres
s'oxident dans le même cas. On aura donc soin d'agir
en conséquence ; et, pour éviter l'oxidation, on couvrira de résine ou de suif le premier métal sitôt qu'il
sera fondu, même quand il commencera à entrer en fusion. On chauffera ensuite un peu fortement avant
d'ajouter le second, parce que celui-ci, avant de fondre, s'emparant du calorique du premier, jusqu'à ce
qu'ils soient tous deux à la même température, cette
température, alors, ne serait plus assez haute pour
opérer la fusion, et l'alliage ne se ferait pas bien.
Les deux métaux étant fondus on les brasse, c'est-à-
dire qu'on les mélange bien avec un pochon de fer, en
remuant la matière et en la puisant et la reversant aussi
long-tems qu'il paraît nécessaire. On ajoute ainsi successivement les métaux jusqu'au dernier qui entre dans
l'alliage, et l'on opère à chaque fois le mélange ; puis
on le verse dans des petites capsules en carton, et à
l'aide de cloisons aussi en carton, on le divise en petites parties, pour s'épargner la peine de couper les lin-

gots quand on n'a besoin que d'une petite quantité de matière.

126. Chaque fois qu'on fait fondre des alliages, il se forme à leur surface, surtout si l'on n'y met que peu ou point de suif, des pellicules oxidées, d'autant plus considérables que la chaleur a été plus forte et soutenue plus long-tems. On réunira ces scories et on les fondra avec de la resine, du suif ou de l'huile, à une température assez élevée pour les ramener à l'état métallique, afin qu'elles puissent servir à de nouvelles opérations. L'alliage qui en provient est encore très fusible. L'expérience prouve aussi, qu'après un grand nombre d'opérations, celui qui reste, et dont on a séparé les pellicules oxidées, se trouve encore capable de se ramollir dans l'eau bouillante.

CHAPITRE IV.

MANIÈRE DE CLICHER.

127. Nous avons vu, n°ˢ 97 et 107, qu'on peut clicher à la mécanique ou à la main ; et nous avons fait connaître les soins et les précautions qu'il faut prendre dans les deux cas.

Un principe général, c'est qu'on ne peut obtenir d'empreintes qu'en employant un métal qui entre en fusion à une température moins élevée que celle qui ferait fondre le modèle. Une température égale convient quelquefois, mais seulement pour les alliages qui entrent en fusion à un degré de chaleur peu élevé. Ainsi l'on peut clicher, avec les trois alliages dont il s'agit n° 124, sur des modèles qui en sont formés ; mais pour y parvenir plus sûrement, voici comment il faut préparer ces modèles.

Après les avoir nettoyés au moyen d'une brosse à dents, avec de l'eau de savon, dans laquelle on mettra un quart d'eau-de-vie et un peu de poudre de tripoli ou de pierre-ponce extrêmement fine ; et, après les avoir bien essuyés avec de la toile usée ou de la mousseline, on les mouillera et frottera avec la dissolution indiquée n° 128, dans laquelle on les fera ensuite infuser quelques minutes. Lorsqu'ils seront secs, on les frottera de nouveau avec une brosse sèche et propre, jusqu'à ce qu'ils soient bien débarrassés du superflu de l'oxide qui s'y sera attaché, et qu'ils soient devenus rouges et brillans. On pourra augmenter le poli en faisant usage de la brosse qui sert à faire briller les médailles bronzées (voy. n° 56), sans employer cependant la poudre de sanguine, ni la plombagine, attendu que ce qui en sera attaché à la brosse suffira. On aura soin de frotter légèrement.

128. La dissolution dont on vient de parler se compose de fort vinaigre blanc et de vert-de-gris en poudre, connu dans le commerce sous le nom de *verdet*, dans la proportion d'une tasse à café ordinaire pour 15 grammes de verdet. On mélange bien l'un avec l'autre ; on laisse reposer une heure ou deux pour laisser opérer la dissolution, que l'on décante avant d'en faire usage, en prenant garde de la troubler. On évitera de respirer la poudre qui se répand dans l'atmosphère quand on prépare les modèles.

On peut se dispenser de les laisser infuser, et se borner à les frotter avec la brosse, que l'on trempe de tems en tems dans la dissolution, jusqu'à ce qu'ils aient acquis la couleur du cuivre rouge. Alors on les essuie et on leur donne le brillant, comme on l'a dit n° 127.

129. Que l'on cliche avec des modèles en creux ou en relief, qu'ils soient en bronze ou autre métal dur, en étain ou en alliage, en bois, en plâtre ou en soufre,

ou en toute autre matière, le procédé est toujours le
même. Il faut, avant d'opérer, qu'ils soient bien secs
et bien nettoyés de toute crasse ou corps étrangers
(*voy*. n° 6). On les fixe à l'un ou l'autre des mandrins
décrits n°ˢ 100, 101 et 102, de la manière qui y est
indiquée, en ayant bien soin d'établir le parallélisme
entre la surface du modèle et le métal à clicher. On
visse le mandrin à la tige du mouton, qu'on élevera
plus ou moins, ou dont on augmentera ou diminuera le
poids, suivant l'épaisseur du relief, la grandeur du
modèle, ou la solidité de la matière dont il est composé
(*voy*. n° 105.) Si l'on cliche à la main, on suivra ce qui
est dit n° 107. Quand on aura à clicher à la main ou à
la machine plusieurs médailles, on pourra les ajuster
d'avance aux mandrins cylindriques (*voy*. n° 99).

On aura soin que la machine soit sur un corps solide
ou horizontal, pour obtenir le parallélisme essentiel entre la surface du modèle et le métal en fusion (*voy*. n°
103, la manière de l'obtenir pour la matrice). On placera sur le plateau, perpendiculairement sous la tige,
une capsule en carton de 9 à 11 millimètres de profondeur, plus large que le modèle, garnie intérieurement
d'une autre capsule en papier, légèrement huilée, afin
que le métal ne s'y attache pas. On fera fondre l'étain
ou l'alliage ; quand il entrera en fusion, on y ajoutera
un peu de suif ou de térébenthine pour empêcher l'oxidation ; et, aussitôt qu'il sera fondu, on en versera
dans la capsule environ le double de l'épaisseur que
doit avoir le cliché, en détournant le suif et l'oxide avec
un morceau de carton arrondi au bout ; puis avec un
autre morceau de carton, pas tout-à-fait aussi large que
la capsule, on agitera le métal en le ramenant d'abord
alternativement des bords au centre, et du centre à la
circonférence, et en le pétrissant et le coupant rapide-
ment en tout sens, par petites portions parallèles, jusqu'à ce qu'il soit parvenu à un état pâteux, égal dans
toutes ses parties ; mais tel que le carton pénètre faci-

*

lement jusqu'au fond, et que sa trace disparaisse aussitôt. Alors on passe légèrement le carton, d'une seule
fois, sur toute la surface du métal, afin de lui donner
un aspect brillant et d'en enlever les corps étrangers
qui pourraient s'y trouver, et de suite on baisse le devant de la machine et on lâche la détente du mouton,
qui tombe sur la matière molle, et y forme l'empreinte
du sujet. Il faut que le passage du carton sur le métal,
l'abaissement du devant de la machine et la chute du
mouton, se fassent avec célérité, pour éviter que l'alliage ne s'épaississe trop. L'expérience apprendra à le
bien triturer, et à saisir le moment le plus favorable
pour frapper.

130. Si l'on cliche à la main, on agira comme il est
indiqué au n° 107.

131. Les deux premiers alliages dont il s'agit au n°
124 parviennent à l'état pâteux moins promptement que
l'étain, et d'une manière moins uniforme. Il se fait dans
le milieu de la masse, dont une partie reste fluide, une
cristallisation qu'il faut briser et rendre confuse, en
agitant, triturant et coupant la masse métallique,
comme on l'a dit plus haut, et le plus vite possible,
jusqu'à ce qu'elle soit également pâteuse partout.

132. On sépare le cliché du modèle de suite, ou
mieux encore lorsqu'ils sont refroidis tous deux, en
frappant fortement, bien à plat sur une planche le derrière du modèle, s'il est assez solide pour résister au
choc sans se briser ou s'altérer; autrement on dégage
les bords avec un petit couteau ou un instrument fait
exprès, en prenant garde d'endommager le modèle, et
l'on frappe légèrement sur la tranche.

Comme les alliages du n° 124 sont très cassans tant
qu'ils ne sont pas froids, on se gardera bien de séparer
de suite l'empreinte du modèle; il faut attendre que le
tout soit refroidi. Cette précaution est surtout nécessaire lorsque tous deux sont composés d'alliage, parce

que le cliché communiquant sa chaleur au modèle, celui-ci devient cassant comme le premier.

133. Le clichage avec des moules en soufre réussit très bien, surtout quand ils n'ont que peu de diamètre et de relief, et qu'on a la précaution de s'en servir une heure ou une demi-heure après qu'ils ont été coulés, parce qu'ils sont beaucoup moins fragiles (*voy*. n° 120). Les clichés alors viennent presque toujours sans défaut, et se détachent facilement du modèle ; mais leur surface est ou noircie ou bronzée par le soufre qui s'échauffe et qui sulfure un peu le métal. C'est une espèce de platine artificielle qu'on peut enlever en la frottant avec du tripoli ou de la poudre très fine de pierre-ponce; mais qu'il vaut mieux laisser quand on ne veut pas bronzer les clichés, et qui n'a rien de désagréable à l'œil.

134. Si les clichés sont faits sur des modèles en plâtre, on les met tremper dans l'eau, et on les nettoie en les frottant avec une brosse à dents un peu rude, ce qui se fait avec d'autant plus de facilité, que la colle se gonfle en s'humectant et désunit ainsi les molécules de plâtre qu'elle entoure. S'il restait dans les creux quelques portions de plâtre que la brosse ne pût enlever, on se servira d'un bout de bois aiguisé, pour ne pas endommager le métal.

On agira de même quand des parcelles de soufre demeureront attachées aux clichés.

135. Quand les clichés sont propres, on les examine avec la loupe, et s'ils sont sans défaut, on les conserve ; dans le cas contraire, on les refond. Cependant, s'il n'y avait que de légers défauts, on tirerait auparavant de secondes épreuves, et l'on ne remettrait les premières au creuset qu'autant qu'on aurait mieux réussi.

136. Les objets les plus faciles à clicher sont ceux qui ont le moins de surface et de relief. Les médailles à portraits qui ont 4 à 5 millimètres de relief, réussissent difficilement, parce qu'à l'instant où la matrice

tombe sur le métal, l'air, qui cherche à se dégager, ne trouvant pas assez promptement issue, il en reste toujours un peu qui, étant refoulé dans les parties les plus creuses de la matrice, occasionent des soufflures aux clichés. Aussi les creux de ces sortes de médailles réussissent mieux que les reliefs, parce qu'au moment où la médaille modèle tombe sur la matière en fusion, l'air s'échappe facilement, et d'abord sous les parties les plus saillantes de la médaille, et tout est chassé à l'extérieur.

137. On cliche sur le bois et sur le carton de la même manière que sur le plâtre et le soufre, mais il faut avoir soin de ne se servir que des alliages compris sous le n° 124.

138. On peut même clicher sur la cire à cacheter, ce qui se fait toujours à la main. Mais comme cet ouvrage pourrait tomber entre des mains qui en feraient un usage criminel et s'en aideraient pour fabriquer de faux cachets, nous nous abstiendrons de faire connaître cette manière de clicher.

CHAPITRE V.

MANIÈRE DE PRÉPARER LES CLICHÉS ET DE LES BRONZER.

§ Ier. *Préparer les clichés.*

139. Quand les clichés ont été séparés des modèles, on coupe avec de bons ciseaux, tels que ceux dont on se sert pour rogner les ongles, la portion de matière qui s'est insinuée entre le mandrin et le modèle, et qui excède le bord de la médaille, en prenant la précaution

d'en enlever plutôt moins que trop ; puis avec une lime un peu fine, et ensuite avec un racloir (139), on achèvera de dresser et unir ce bord. On dressera et on unira de même, à la lime et au racloir, la tranche de la médaille, en tenant cette tranche bien perpendiculaire et en ayant soin qu'elle ne fasse pas ventre au milieu, ce qui arrive assez fréquemment quand on se sert du racloir. Pour limer la tranche plus facilement et perpendiculairement, on se servira d'un instrument composé de deux morceaux de bois de 9 à 11 centimètres d'épaisseur, placés l'un sur l'autre, l'un d'environ 5 millimètres et l'autre d'environ 11 centimètres de large, arrondi à l'un de ses bouts et fixé à l'étau ou sur une table, à l'aide de trois petits goujons en fer ; de manière qu'on puisse la placer et l'ôter aisément, sans frapper (*voy. fig.* 17). C'est sur cette extrémité arrondie que l'on place la médaille pour en limer la tranche ; l'on appuie la lime sur la planchette de dessous, en la tenant bien perpendiculairement ; le cliché, faisant un peu saillie hors du premier morceau, la lime atteint la tranche tout entière, ce qui n'aurait pas lieu, du moins très difficilement, sans cette saillie et si le cliché n'était pas sur un plan un peu plus élevé que celui sur lequel porte la lime.

Si le cliché a tout autour la même épaisseur, on n'aura pas besoin de limer le dessous, on ne fera usage que du racloir pour l'unir et le polir. S'il en était autrement, on se servirait pour égaliser l'épaisseur, d'une lime plate, dite *bâtarde*, et ensuite d'une lime moins grosse, et l'on acheverait d'unir au racloir, dont on donnera en finissant un léger coup sur les angles, dessus et dessous, pour les rendre moins vifs.

---

(139) Ce racloir est un morceau d'acier plus large qu'épais, dont les côtés sont bien droits et les angles bien vifs, telle que serait une petite lime plate avant d'être taillée. On peut en avoir de plusieurs dimensions : les plus grands serviront pour racler et unir le derrière des clichés.

140. Comme le métal empâte les limes, c'est-à-dire s'y attache, surtout quand elles sont fines, on les nettoiera en passant entre chaque dent une pointe d'acier bien aiguë et bien trempée, afin qu'elle s'use moins vite; et on l'aiguisera sur la meule ou le grès, quand elle en aura besoin.

141. La tranche, le bord et le derrière des clichés étant bien dressés et bien unis, on les nettoiera et les dégraissera, en les frottant avec du tripoli ou de la poudre de pierre-ponce très fine, à l'aide d'une brosse à dents forte, qu'on mouillera d'eau; puis on les lavera à l'eau claire et on les essuiera fortement avec de la toile usée. On les examinera alors avec la loupe, et, s'il y a quelques défauts, on les fera disparaître à l'aide du burin. On en aura à cet effet de différentes formes, les uns à grains d'orge, d'autres arrondis au bout, et d'autres ayant deux biseaux, l'un au bout et l'autre sur l'un des côtés, celui du bout formant un angle aigu avec le côté qui n'a pas de biseau. Ce dernier instrument servira à unir le fond ou le champ de la médaille et à en enlever promptement les petites aspérités qui s'y trouveraient, surtout si l'on a cliché avec des modèles en plâtre qui n'auraient pas été confectionnés avec les précautions que nous avons recommandées n° 108. Si l'on aperçoit les traits du burin, on les fera disparaître en frottant avec de petits morceaux de pierre à rasoirs bien polie, ou d'ardoise, et de l'huile d'olives. Cette opération faite avec soin, on nettoiera de nouveau le cliché avec le tripoli et la poudre de pierre-ponce, puis on le lavera et essuiera soigneusement.

142. Si l'on ne veut pas bronzer les clichés, il ne faudra pas les nettoyer, parce que cette opération leur ferait perdre leur éclat.

§ II. *Manière de bronzer les clichés.*

143. Les clichés préparés comme on vient de le dire,

on versera de la dissolution de vert-de-gris dont nous avons parlé n° 128, (en ayant soin de ne pas la troubler), dans une assiette ou une soucoupe, suivant qu'on aura une ou plusieurs médailles à bronzer ; puis, avec une brosse à dents, on les frottera dessus et dessous et sur la tranche, avec la dissolution, de sorte qu'elles soient mouillées partout ; puis on les placera dans le vase, le relief en-dessus, de manière que le liquide les couvre entièrement. Elles se colorent insensiblement ; la teinte devient de plus en plus foncée, et on ne les retire de la dissolution que lorsqu'elles ont acquis une belle couleur de cuivre rouge. On les fera sécher pendant une demi-heure ou une heure, suivant la saison. On y parviendra plus promptement en hiver en les plaçant sur un poêle en faïence. Quand elles sont bien sèches, on prend une brosse qui le soit également, et, avec de la poudre de sanguine très fine, on frotte la médaille ; pour enlever le superflu de l'oxide qui s'y est attaché, sans cependant la trop nettoyer. On est parvenu au point convenable quand, en soufflant avec l'haleine, on aperçoit encore sur toute la surface une partie de l'oxide qui est sous une forme un peu visqueuse. On souffle de nouveau sur la médaille, et, avec une brosse que l'on trempe dans un mélange de moitié poudre de sanguine et de moitié plombagine, on frotte doucement la surface en tous sens, en humectant de tems en tems avec l'haleine, jusqu'à ce que la médaille commence à briller. Alors on cesse de souffler, et si elle offre la teinte que l'on désire, on continue à frotter pour la rendre brillante. Pour l'achever, on prend avec la brosse un peu de plombagine, sans mélange de craie rouge, et l'on frotte avec plus de force. Si l'on veut que le bronze soit d'une couleur plus claire, on ne mettra dans le mélange qu'un quart de plombagine. Si on la désire plus foncée, on augmente la dose de cette dernière matière. En un mot, l'expérience apprendra à donner aux clichés la teinte que l'on voudra. On polira la tranche et le derrière avec moins de précaution. Il faudra bien prendre garde de respirer par le nez ou la bouche, la poudre d'oxide et celle de la plombagine qui se dégagent en frottant.

144. Au lieu de mettre infuser les clichés dans la dissolution, on pourra les frotter avec la brosse qu'on y trempera de tems en tems, en ayant soin de la nettoyer de l'écume qui se forme et de la presser un peu pour en faire sortir le vinaigre. On continuera de frotter jusqu'à ce que le cliché ait une belle couleur de cuivre rouge. On le laissera ou le fera sécher, comme on l'a déjà dit, puis on donnera le bronze comme on vient de l'enseigner au n° précédent; mais on pourra moins en varier la teinte.

Nous disons qu'il faut tremper de tems en tems la brosse dans la dissolution, parce que, si l'on frottait toujours sans prendre cette précaution, la couleur ne se formerait pas, puisque la médaille se chargeant du vert-de-gris que le vinaigre tenait en dissolution, il n'en pourrait fournir une assez grande quantité; c'est pourquoi il faut tremper plusieurs fois la brosse dans la préparation pour la charger d'un nouvel oxide. Par la même raison, quand on a fait infuser un certain nombre de médailles dans la dissolution, elle a perdu presque toute sa vertu; alors on ne doit plus s'en servir.

145. Les médailles bronzées d'après la manière que nous venons d'enseigner, peuvent rivaliser avec celles de bronze pour le fini, la teinte et le brillant, et l'œil le plus exercé pourrait s'y tromper. Mais, par le procédé du clichage, on ne peut frapper des médailles à double face. Cet inconvénient, si c'en est un, est compensé par un autre avantage: l'amateur, en formant son médailler, peut placer à côté l'un de l'autre la médaille et le revers; en sorte que d'un seul coup d'œil il voit les deux côtés, sans rien toucher ni déranger. Il serait cependant possible de réunir les deux parties, soit à l'aide de colle ou de mastic, soit, mieux encore, en

lés soudant avec un alliage plus fusible que celui qui les compose, après en avoir uni et rendu les faces de derrière parallèles le plus possible avec le champ de la médaille. Cette dernière opération, que nous avons essayée d'une manière assez légère, nous paraît cependant assez difficile en ce que, d'une part, pour opérer la soudure, il faut faire fondre un tant soit peu de la surface des deux côtés de la médaille, à l'endroit où l'on veut souder, afin que la soudure, plus fusible, puisse s'y unir; et que, d'un autre côté, la grande fusibilité de l'alliage des clichés fait que, sitôt que la fusion s'opère d'un côté, elle s'étend de l'autre, ce qui endommage les médailles sans remède. On pourrait aussi réunir les deux côtés des clichés avec de légères goupilles.

146. Pour former un médailler, *voy*. n° 96.

TROISIÈME PARTIE.

DE LA GALVANOPLASTIE.

CHAPITRE PREMIER.

—

DE LA DÉCOUVERTE DE CET ART, NOTIONS PRÉLIMINAIRES.

147. Dans le même moment où l'admirable découverte, toute française, de M. Daguerre venait ravir d'étonnement le monde savant et artistique, deux physiciens étrangers, l'un à Londres, l'autre à St-Pétersbourg, trouvaient simultanément, dans l'électricité, un agent de sculpture métallique non moins admirable, et peut-être plus utile que la Photographie. Quoiquecette invention ait eu moins de retentissement, sans doute parce que l'attention publique était encore trop préoccupée des merveilles du Daguerréotype, nous croyons que les noms de MM. Spencer et Jacoby doivent prendre rang à côté de celui de M. Daguerre, et que notre siècle s'enorgueillira également d'avoir produit ces trois hommes célèbres. Quant à l'influence que ces deux découvertes sont appelées à exercer, dans notre époque, sur l'art en général, elle est incalculable. Les résultats déjà obtenus, ceux qu'il est permis d'espérer dans un avenir prochain,

promettent à la galvanoplastie et au daguerréotype un succès et une durée analogues à celle de l'imprimerie, et qui doivent amener une révolution complète dans les arts graphiques et plastiques.

148. La *galvanoplastie*, *électrotypie* ou *électro-métallurgie*, ainsi que ces divers noms l'indiquent, est l'art de mettre en œuvre les métaux au moyen de l'électricité. Cet admirable effet est dû au pouvoir désoxidant d'un courant galvanique qui ramène un métal oxidé à son état métallique, en le déposant molécule par molécule sur une surface d'une forme donnée qu'on lui présente à recouvrir.

La galvanoplastie semble avoir été inventée tout exprès pour la spécialité qui nous occupe, et quoique ses applications soient aussi étendues que variées, c'est surtout à faire des médailles qu'elle peut être employée avec le plus de succès. Qui n'admirerait en effet un procédé à l'aide duquel tout amateur pourra, en très peu de tems, et presque sans s'en occuper, transformer tous les plâtres qui font partie de sa collection, en des empreintes métalliques désormais indestructibles? Que sera-ce si cette reproduction, d'une fidélité inimitable, peut avoir lieu, à un nombre illimité d'exemplaires et à très peu de frais.

149. Nous n'avons point à approfondir ici les théories galvaniques, ni à décrire les nombreux appareils qui ont été imaginés pour réduire les métaux. Ces théories et ces appareils ont été examinés avec les plus grands développemens dans le *Manuel de Galvanoplastie* de l'*Encyclopédie-Roret*, et nous y renverrons ceux de nos lecteurs qui désireraient connaître plus à fond les diverses branches qui se rattachent à l'art de réduire les métaux au moyen de la pile galvanique, et les phénomènes curieux que présente l'étude du galvanisme.

Nous nous renfermerons donc dans la spécialité qui nous occupe, et laissant de côté toutes les théories et les descriptions purement scientifiques, nous nous bornerons à faire connaître les moyens de reproduire les médailles en métal au moyen de l'électricité, et nous conduirons directement nos lecteurs à des résultats pratiques. Pour y parvenir, il nous suffira de décrire successivement : 1° les moyens d'obtenir des moules galvanoplastiques ; 2° la méthode pour construire les différens appareils propres à la reproduction des médailles, et la manière de diriger ces appareils suivant les résultats que l'on veut obtenir.

CHAPITRE II.

DES MOULES PROPRES A REPRODUIRE LES MÉDAILLES PAR LE GALVANISME.

150. Nous avons dit, n° 148, que la galvanoplastie consiste à revêtir d'une couche de métal, plus ou moins épaisse, un modèle d'une forme donnée. Ce moule est ensuite séparé de la copie obtenue, et ici, comme dans tous les moulages, la reproduction est l'inverse du modèle, c'est-à-dire qu'on obtiendra une copie en creux sur un moule en relief *et vice versá*. La reproduction galvanique présente, avec l'identité la plus parfaite, toutes les formes les plus délicates de l'original ; on conçoit dès-lors combien il est important que les moules qui servent à la réduction des métaux soient d'une extrême pureté de formes. On ne saurait donc apporter trop de soins dans la confection de ces moules.

Nous avons déjà fait connaître, dans le cours de ce Manuel, les moyens d'obtenir des moulages parfaits en toute espèce de matières, nous n'aurons plus qu'à ajouter, à mesure que l'occasion s'en présentera, les recommandations qui se rattachent plus spécialement aux moules galvanoplastiques.

151. La première condition exigée pour obtenir la réduction des métaux, par la pile, est que le moule sur lequel cette réduction doit avoir lieu, soit formé d'un corps bon conducteur de l'électricité. Or, on sait que les métaux seuls et quelques composés de carbone sont susceptibles de conduire ce fluide. Le nombre des substances employées comme modèles en galvanoplastie serait donc fort restreint, si on n'avait pas trouvé les moyens de métalliser et de rendre conducteurs les corps qui manquent de cette faculté. Ces moyens seront décrits en leur lieu. Occupons-nous d'abord des moules conducteurs ou métalliques.

§ Ier DES MOULES COMPOSÉS DE CORPS CONDUCTEURS DE L'ÉLECTRICITÉ, ET DES MOYENS DE LES OBTENIR.

152. Le moyen le plus simple de reproduire des médailles par la galvanoplastie, consiste à faire réduire le cuivre sur la médaille originale elle-même. On obtient ainsi une empreinte en creux dans laquelle on peut ensuite reproduire un relief. Mais avant de plonger une médaille dans une solution métallique, on devra s'assurer que cette dissolution n'exerce aucune action sur le métal qui compose la médaille, pour éviter que cette dernière ne soit détériorée. On ne devra donc recourir à cette méthode que lorsqu'on sera déjà exercé dans la réduction des métaux; car, outre l'inconvénient que nous venons de signaler, l'adhérence possible du cuivre sur la médaille qui sert de modèle, pourrait occasioner la perte totale de cette dernière. On préviendra cette adhérence en faisant fondre un peu de cire sur la médaille originale; l'excédent de cette cire sera essuyé soigneusement pendant que la médaille est encore chaude.

*

Un autre moyen consiste à laisser la médaille modèle exposée à l'air et dans un endroit frais pendant 24 heures avant de la plonger dans la dissolution : la couche d'air qui la revêt alors empêche l'adhérence ; quoiqu'il en soit, il sera toujours plus prudent de mouler d'abord la médaille qu'on veut reproduire, soit au moyen du clichage, soit par les autres procédés que nous allons indiquer. On évitera ainsi tout danger d'altérer l'original, et il sera reproduit en relief sans recourir à une double opération.

153. Nous avons indiqué plus haut, nos 97 à 146, les moyens d'obtenir des clichés en différens alliages. Ces clichés formeront d'excellens moules pour la galvanoplastie. Mais outre ces moyens de clichage qui seront plus que suffisans pour un simple amateur de médailles, il en existe une foule d'autres qui ont été décrits avec les plus grands détails dans le Manuel spécial de Galvanoplastie, faisant partie de l'*Encyclopédie-Roret*, nos 130 à 136, note 135 et n° 10 de l'appendice du même ouvrage. Nous renvoyons donc à ce Manuel ceux de nos lecteurs qui désireraient acquérir une connaissance plus approfondie des procédés galvanoplastiques. Quant à ceux qui voudront se borner à reproduire des médailles, ils pourront se contenter des procédés de clichage que que nous avons fait connaître plus haut.

§ II. DES MOULES COMPOSÉS DE SUBSTANCES NON CONDUCTRICES ET DES MOYENS DE LES RENDRE PROPRES A CONDUIRE L'ÉLECTRICITÉ.

154. Parmi les substances non conductrices qui sont propres à obtenir des moules de médailles pour la galvanoplastie, les unes imperméables par leur nature, ne sont pas désagrégées par le liquide dans lequel on les plonge ; d'autres au contraire sont absorbantes, et ne résisteraient pas à un séjour prolongé dans la dissolution.

155. Nous parlerons d'abord des substances non absorbantes ; nous enseignerons ensuite le moyen de communiquer cette qualité aux substances qui en sont privées , et de les rendre toutes conductrices du courant galvanique.

1° Substances non conductrices et non absorbantes.

156. Les substances non conductrices et non absorbantes sont assez nombreuses. Ce sont en général toutes les résines, les cires, les graisses, et les combinaisons qu'on peut faire de ces diverses substances entre elles. On les appelle non absorbantes, parce que leur nature résineuse les rend imperméables aux liquides où elles doivent être plongées.

157. *Cire à cacheter.* — Cette substance, par l'extrême fidélité avec laquelle elle reproduit l'empreinte des plus petits détails, est éminemment précieuse en galvanoplastie. On doit donc l'employer de préférence pour les modèles d'un travail délicat ; mais il est essentiel de la choisir de très bonne qualité. Tout le monde sait la manière d'obtenir des empreintes au moyen de la cire à cacheter, et cette opération ne présentera aucune difficulté toutes les fois qu'il s'agira de reproduire des médailles ou autres objets en métal. Mais si l'on voulait reproduire un moule en plâtre , il faudrait qu'il ait été d'abord passé à l'huile lithargirée (n°s 36 à 38, note 38). On y appliquerait une légère couche d'huile d'olives , et l'on attendrait que la cire à cacheter fût presque refroidie avant de prendre l'empreinte du moule de plâtre.

On peut même , mais avec de grandes précautions , obtenir en cire à cacheter l'empreinte de moules en soufre ; mais il faut alors que le soufre soit récemment fondu ou que , par une chaleur douce , lentement et progressivement appliquée , on lui ait restitué les qualités qu'il avait immédiatement après la fusion (*Voir* n° 21 , n° et note 120).

158. *Cire, stéarine, blanc de baleine,* etc. — La cire pure, la stéarine, le blanc de baleine donnent également de très bons moules pour la galvanoplastie. On peut employer chacune de ces substances séparément ou en les mélangeant entre elles dans des proportions qu'il sera facile de trouver. Nous avons enseigné, n°ˢ 62 et suivans, la manière de mouler la cire. Cette méthode pourra être appliquée à toutes les matières dont nous venons de parler.

M. Smee recommande, pour les moules galvanoplastiques, un mélange par portions égales de cire et de résine. Cette composition nous a paru donner d'excellens résultats ; mais il faut avoir soin de ne la couler dans les moules que lorsqu'elle est presque entièrement refroidie. Cette recommandation s'applique également à la cire, à la stéarine, etc. (*Voyez* n° 63).

2° *Substances non conductrices absorbantes.*

159. Les substances non conductrices absorbantes sont celles que leur nature poreuse rend susceptibles d'absorber les liquides. Tels sont le papier, le carton, le plâtre, etc. La première condition, pour obtenir sur des moules de cette espèce, des reproductions galvanoplastiques, est de les rendre non absorbans, en les imprégnant d'une substance imperméable aux liquides. Nous ferons connaître la préparation la plus convenable pour chaque matière.

160. *Papier, carton.* — On a vu, chap. IX, §§ 5 et 6, la manière de mouler le papier et le carton pour en obtenir des empreintes de médailles. S'il arrivait qu'on voulût reproduire ces empreintes par la voie galvanique, on les rendrait facilement imperméables en y appliquant une couche d'huile de lin bouillante, ou un mélange de parties égales de cire et de colophane. Cet enduit doit être appliqué sur la surface du papier opposée à celle qui doit recevoir le dépôt métallique. On se servira, pour cette opération, d'un pinceau très doux en

blaireau, et on attendra que le papier soit complètement
sec avant de le plonger dans la dissolution. Les huiles
siccatives indiquées n° 36 et note 38, peuvent être employées avec le même succès pour rendre le papier non
absorbant. On évitera avec soin de mettre plus d'huile
que le papier n'en peut absorber ; sans cette précaution, les finesses de la gravure se trouveraient empâtées
par la couche d'huile séchée à la surface.

161. *Plâtre*. — Nous avons décrit en détail, n°° 36 à
39 et note 38, les divers moyens de rendre le plâtre
non absorbant. Ces moyens seront plus que suffisans
pour les moules galvanoplastiques. Nous devons néanmoins ajouter que les moules en plâtre préparés dans un
bain de suif fondu, ou avec un mélange de cire et de
résine, ou enfin avec de la cire seule, donneront d'aussi
bons résultats.

3° *Moyens de rendre les substances conductrices de l'électricité.*

162. Les substances non conductrices qui ne sont pas
absorbantes par leur nature, et celles qu'on a rendues
non absorbantes, au moyen des préparations que nous
venons d'indiquer, seraient impropres aux reproductions
galvaniques, si on ne leur communiquait en outre la
faculté de conduire le courant électrique. Divers moyens
ont été proposés pour parvenir à ce résultat ; nous nous
bornerons à faire connaître les deux plus simples, qui
sont en même tems les plus efficaces.

163. Le premier consiste à enduire toutes les espèces de moules dont il a été parlé dans le § 2, d'une légère couche de plombagine réduite en poudre très fine.
Cette application se fait au moyen d'un pinceau en blaireau : on aura soin que le frottement ne soit pas assez
fort pour altérer les empreintes des moules en plâtre,
et que la couche ne soit pas assez épaisse pour nuire
aux finesses du dessin. Au reste, la nature onctueuse
de la substance qui aura servi à rendre le plâtre non

absorbant, facilitera merveilleusement l'adhérence de la plombagine. Quant aux moules en cire à cacheter, cette adhérence pourra être facilitée en y appliquant une très légère couche d'alcool. Pour la plupart des moules, il suffira de les humecter légèrement avec l'haleine, pour y faire adhérer la mine de plomb.

Quelques personnes ont nié la faculté conductrice de la plombagine, mais aujourd'hui ce fait est hors de doute, et la réduction a toujours lieu quand la plombagine est de bonne qualité.

164. Le second moyen consiste à enduire le moule avec une solution d'un sel d'or ou d'argent. Dans cet état, on l'expose à la vapeur du phosphore, obtenue par l'évaporation d'une solution éthérée ou alcoolique de ce dernier. Alors un dépôt métallique en couche très mince se formera à la surface du moule, qui deviendra ainsi bon conducteur du courant galvanique.

CHAPITRE III.

DE LA CONSTRUCTION DES APPAREILS GALVANIQUES PROPRES A LA REPRODUCTION DES MÉDAILLES, ET DE LA MANIÈRE DE LES DIRIGER.

165. Il faudrait un volume tout entier, si l'on voulait décrire les nombreux appareils qui ont été imaginés pour la réduction des métaux. Nous nous bornerons à en faire connaître quelques-uns que tout amateur intelligent pourra construire lui-même, et qui suffiront pour la reproduction des médailles.

§ 1ᵉʳ. APPAREIL A SIMPLE CELLULE DE M. SOLLY.

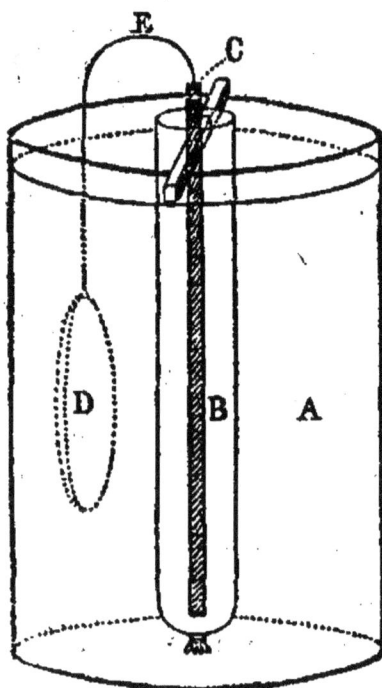

166. L'appareil représenté dans la figure ci-dessus est surtout remarquable par l'extrême simplicité de sa construction et par l'économie qu'elle présente, A est un vase cylindrique en terre vernissée ou mieux encore en verre; il contient une dissolution saturée de sulfate de cuivre. B est un tube formé par un boyau de mouton ou autre membrane dont on forme une espèce de sac en le liant par le bas; on pourra se servir avec le même avantage d'un tube de terre cuite poreuse, ou même de plâtre, fermé par un de ses bouts; l'on pourrait même employer à cet usage un simple verre à quinquet, dont un des bouts serait bouché à l'aide d'une membrane de vessie, de parchemin ou de baudruche, assujétie par une ligature faite avec un fil ciré ou une corde à boyau. Quelle que soit la matière adoptée pour faire le tube, on le maintiendra plongé verticalement dans la solution de cuivre, au moyen d'une petite traverse en bois qui s'appuiera sur les bords du vase en verre. Ce tube sera

rempli d'acide sulfurique étendu d'environ 16 fois son volume d'eau, et l'on y plongera une lame de zinc également assujétie par la traverse qui soutient le tube : pour plus d'économie, il sera bon d'amalgamer la lame de zinc, ce qui se fait très facilement en décapant la surface du zinc à l'aide de l'acide hydrochlorique, et en le frottant avec un peu de mercure. E est un fil de cuivre rouge qui sert à communiquer le courant galvanique ; il est soudé par un de ses bouts à la lame de zinc, l'autre extrémité est fixée par un moyen quelconque à la médaille ou modèle D qu'il s'agit de reproduire. On aura soin que ce fil conducteur soit en contact, au moins par un de ses points avec la surface conductrice du modèle.

167. Tout étant ainsi disposé, le courant électrique s'établira immédiatement, et la réduction du cuivre, commencera à avoir lieu sur le modèle. En quelques instans sa surface sera entièrement recouverte de cuivre, surtout si le modèle est en métal. Mais s'il était composé d'une substance rendue conductrice à l'aide de la plombagine, il faudra un peu plus de tems pour que la surface soit entièrement recouverte de métal ; mais une fois ce point atteint, l'opération marchera avec la même rapidité que si l'on opérait sur un modèle métallique.

168. Une précaution très essentielle à observer est de maintenir toujours la solution cuivreuse dans un état parfait de saturation ; on y parviendra en renfermant quelques cristaux de sulfate de cuivre dans un petit sachet de mousseline qu'on maintiendra plongé à la partie supérieure de la dissolution contenue dans le vase A.

169. Il faudra aussi nettoyer de tems en tems la lame de zinc et le fil conducteur, et renouveler au moins une fois par jour la dissolution acidulée renfermée dans le tube poreux.

170. Au bout de deux ou trois jours la médaille aura acquis assez d'épaisseur pour pouvoir être détachée du modèle, dont elle offrira la reproduction exacte.

171. Si l'on opérait sur un modèle métallique, une

médaille par exemple, pour éviter que les deux surfaces ne soient entièrement recouvertes par le cuivre réduit, il faudrait enduire de cire ou de tout autre corps non conducteur les parties de la médaille qu'on voudrait empêcher de se recouvrir de métal. On pourra employer avec succès dans ce but, un vernis formé de cire à cacheter dissoute dans l'esprit-de-vin. Il sera très facile de reproduire à la fois plusieurs médailles, en faisant communiquer chacun des modèles avec le fil conducteur E. Cette observation s'applique également aux autres piles qui vont être décrites.

§ II. APPAREIL DE M. SPENCER.

172. L'appareil de M. Spencer présente un grand avantage sur celui que nous avons précédemment décrit, en ce que l'opération ayant lieu dans deux vases entièrement séparés, on n'a pas à craindre le mélange par infiltration du sulfate de zinc qui se forme dans le tube poreux avec la solution de cuivre. Nous verrons en outre qu'au moyen d'une disposition fort simple, la saturation de la solution cuivreuse est constamment maintenue.

Au reste l'appareil de M. Spencer n'offre pas de difficultés sérieuses ni pour sa construction ni pour la manière de le diriger. Il suffira donc d'en donner une courte description.

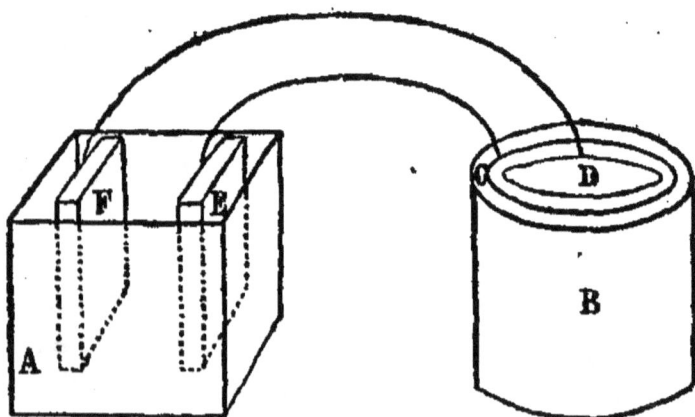

173. A est un vase que l'on pourra construire en bois, en ayant soin de le revêtir intérieurement de lames de verre qu'on lutera avec du mastic de fontainier pour l'empêcher de laisser échapper la solution de sulfate de cuivre dont il sera rempli. B est un autre vase en terre ou en verre, contenant de l'acide sulfurique étendu d'eau dans les proportions indiquées précédemment n° 166. Ce même vase B renfermera en outre une virole de cuivre C et une autre virole de zinc D qui formeront un couple électrique dont le cuivre sera le pôle négatif et le zinc le pôle positif. On soudera à la virole de cuivre un fil conducteur dont l'autre extrémité sera également soudée à une plaque de cuivre E qui sera plongée dans la solution cuivreuse du vase A. On soudera également au pôle zinc un second fil conducteur dont l'autre extrémité sera fixée au moule F qu'il s'agit de reproduire. Toutes les recommandations que nous avons faites n°ˢ 167 à 172 sont également applicables à l'appareil Spencer ; seulement il sera inutile d'ajouter de nouveau du sulfate de cuivre pendant l'opération, parce que la plaque de cuivre E que l'on appelle *anode* se dissoudra et maintiendra la saturation du liquide.

174. Un autre avantage qui résulte de l'emploi de *l'anode* E, consiste à pouvoir varier à volonté la rapidité avec laquelle s'effectue le dépôt métallique. Si donc on veut obtenir un cuivre d'une nature compacte et serrée, on éloignera l'un de l'autre, le modèle F et l'anode E ; mais alors le dépôt aura lieu avec lenteur. Si au contraire on les rapproche l'un de l'autre, le dépôt deviendra plus rapide, mais le cuivre obtenu aura une apparence cristalline et granuleuse. On devra donc, au commencement de l'opération, faire marcher l'appareil avec lenteur, mais une fois que la surface du modèle sera recouverte de cuivre, il n'y aura plus d'inconvénient à activer la formation du dépôt.

§ III. PILE A COURANT CONSTANT DE DANIELL.

175. La pile inventée par Daniell l'emporte sans contredit sur toutes les autres, en ce qu'elle est à courant constant, c'est-à-dire que depuis le moment de sa mise en action jusqu'à son entier épuisement, elle fournit une quantité et une intensité à peu près égales de courant électrique. Cette remarquable propriété l'a fait adopter généralement par le plus grand nombre des expérimentateurs, et elle est aujourd'hui fort en usage pour les expériences de galvanoplastie.

176. Voyez la construction à laquelle on s'est définitivement arrêté (fig. 20 de la planche).

Soit un vase en terre vernissée P, renfermant une dissolution saturée de sulfate de cuivre. On y plonge le cylindre de cuivre C, ouvert à sa partie inférieure et ayant à la partie supérieure une ouverture suffisante pour admettre le tube de plâtre T, ce dernier tube contient de l'acide sulfurique étendu d'eau (nº 166) et un lingot de zinc Z amalgamé comme il a été dit même nº 166. A la partie supérieure du lingot de zinc est soude une petite boule de cuivre percée d'un trou qui livre passage au fil conducteur F, destiné à établir la communication entre le pôle zinc de la pile et le modèle M plongé dans l'auge à précipiter O; la distance entre le zinc Z et le modèle M peut être réglée à volonté; en alongeant ou raccourcissant le fil conducteur F, que l'on maintient dans la position voulue au moyen des vis de pression v v; une tige de cuivre I, soudée au cylindre de cuivre C, reçoit également un fil conducteur F', qui communique avec la plaque de cuivre ou *anode* A, plongée dans l'auge à précipiter; des vis de pression v' v' servent également à régler la longueur de ce dernier fil conducteur.

L'auge à précipiter O contient une dissolution saturée de sulfate de cuivre, dans laquelle plongent le modèle

M et l'anode A; la saturation du liquide est maintenue par l'anode A, qui se dissout peu à peu pendant le cours de l'opération.

Pour faire usage de la pile de Daniell, il suffira de se conformer à ce qui a été prescrit n°s 168 à 172 et n° 174.

177. Voici un moyen très économique de construire la pile de Daniell, que nous empruntons à l'excellent traité de Galvanoplastie publié par le docteur Fau.

On prend un vase de faïence de forme cylindrique et d'une contenance d'environ 2 litres. On y fait fondre un peu de cire et on retourne le vase dans tous les sens, de manière à ce qu'une couche très légère de cire adhère à toutes les parois. Cette couche de cire est enduite de mine de plomb (n° 163) pour la rendre conductrice de l'électricité. On remplit ensuite le vase d'une dissolution de sulfate de cuivre. On met alors en contact la couche de mine de plomb avec le fil conducteur E de la pile simple décrite n° 166, et en très peu de tems l'intérieur du vase se trouve revêtu d'une couche de cuivre suffisante. Il ne reste plus qu'à compléter la pile en y ajoutant les accessoires décrits au n° 176.

§ IV. MOYEN SIMPLE DE BRONZER LES MÉDAILLES DE CUIVRE.

179. Il nous reste à faire connaître un moyen de bronzage que nous croyons supérieur à tous les autres, parce qu'il n'exige pas l'emploi de la chaleur, et qu'il peut donner toutes les nuances de bronze usitées dans la numismatique.

On prend :

   Pierre sanguine 5
   Plombagine   8

Ces deux substances sont broyées ensemble sur une glace avec un peu d'esprit-de-vin ; il doit en résulter une pâte presque solide que l'on conserve pour l'usage.

Lorsqu'on veut bronzer, on délaie un peu de cette pâte dans de l'alcool, et on l'applique en bouillie épaisse, avec un blaireau, sur la surface du cuivre préalablement décapée avec de l'acide nitrique très étendu. On laissera cette composition séjourner pendant 24 heures sur la médaille; on brossera ensuite avec une brosse demi-rude, jusqu'à ce que la médaille prenne un aspect poli et brillant. On peut recueillir la poudre qui tombera, pour s'en servir de nouveau.

Il suffira d'augmenter la proportion de sanguine ou de mine de plomb, suivant qu'on voudra obtenir une teinte claire ou foncée.

180. CONCLUSION. Nous aurions pu sans doute donner une extension plus grande à ce traité de galvanoplastie, mais nous en avons dit assez pour mettre le lecteur à même de reproduire des médailles par le galvanisme, et nous n'aurions pas pu entrer dans de plus grands développemens sans sortir de notre spécialité. D'ailleurs les procédés galvanoplastiques ont été décrits *in extenso* dans le *Manuel spécial de Galvanoplastie*, de l'*Encyclopédie-Roret*, et nous y renverrons de nouveau ceux de nos lecteurs qui voudraient acquérir des notions plus complètes de l'électro-métallurgie.

FIN.

EXPLICATION DES FIGURES.

—

FIGURE 1ʳᵉ.

Nᵒ 1. Machine servant à couper de même mesure les bouts de carton doré qui se mettent autour des médailles. *b* point auquel on fixe l'endroit auquel on veut les couper.

Nᵒ 2. Profil, vu par le bout, de cette pièce qui a quelque ressemblance avec un composteur d'imprimerie.

FIGURE 2.

Espèce de pelot en bois dont voici les usages :

Nᵒ 1. Côté sur lequel est fixé avec un anneau à vis un morceau de bois sur l'extrémité duquel on amincit les bouts des cartons. On peut reculer ou avancer cette pièce au moyen des trous dont elle est percée.

Nᵒ 2. Côté du même pelot sur lequel sont fixés des espèces de pions *b*, *b*, sur lesquels on place les médailles pour y coller les cartons dorés. *c*, *c*, anneaux à vis contre lesquels on les appuie pour les coller. Ils s'avancent ou se reculent suivant la grandeur des médailles.

FIGURE 3.

Plan d'un cadre à recevoir des médailles, vu par derrière. La partie blanche entre les deux premières lignes extérieures représente les deux baguettes qui font saillie sur le derrière du cadre, pour empêcher de voir, par les côtés, la tablette fig. 4.

FIGURE 4.

Tablette garnie autour de quatre traverses de 7 à 9 millim. d'épaisseur, sur laquelle on place les médailles. Elle remplit exactement l'espace qui est entre les baguettes qui entourent le derrière du cadre ; le fond de cette tablette, représenté par la partie hachée, et destiné à recevoir les médailles, est d'une surface égale à l'ouverture du cadre, figuré par la partie blanche dans la figure 3.

FIGURE 5.

N° 1. Machine à faire des trous ronds, soit dans le bois, soit dans le carton. Elle est décrite dans l'ouvrage.

N° 2. Pièces de cette machine, vues séparément. *a*, pièce qui sert de pivot, terminée par une pointe portant un collet, pour qu'elle ne pénètre pas trop profondément ; *b* pièce qui entre horizontalement dans la coulisse ou trou carré de la pièce *a*, et dans lequel on la fixe au moyen d'une vis à oreille. *c*, troisième pièce, terminée à la partie inférieure par un tranchant, laquelle se met perpendiculairement dans la coulisse de la pièce *b*, et se fixe aussi à volonté au moyen d'une vis à oreille.

FIGURE 6.

Machine à clicher. Elle est suffisamment décrite au commencement du chapitre Ier de la 2e partie.

FIGURE 7.

Pièce en bois percée d'un trou, laquelle se visse à la partie inférieure de la tige du mandrin, et au-dessous de laquelle se visse à son tour le mandrin lui-même. On donne à la partie inférieure de cette pièce un diamètre proportionné à la grosseur du mandrin : c'est pourquoi elle est mobile.

FIGURES 8, 9, 10, 11 et 12.

L'explication de ces figures se trouve aussi dans le chapitre Ier de la seconde partie.

FIGURE 13.

Plan d'un mandrin inventé par M. Darcet. Ce mandrin, vu par dessous, offre la forme d'une boîte, dont le fond, percé d'un trou taraudé, se visse au bas de la tige de la machine. La pièce à clicher se place dans cette espèce de boîte, au centre de laquelle on la fixe au moyen des vis de pression *a*, *b*, *c*, *d*. La grandeur de ce mandrin n'est pas fixe : elle est déterminée par le diamètre des moulures qu'on veut polytiper. On lui a donné dans cette fig. la forme ronde, au lieu de la forme oblongue ou carrée dont il est parlé dans l'ouvrage.

FIGURE 14.

Elle représente l'élévation du mandrin dont il s'agit dans la figure précédente.

FIGURE 15.

Forme du cercle dont on entoure la machine à clicher, pour éviter les éclaboussures du métal.

FIGURE 16.

Mandrin pour clicher à la main. Il est pareil à celui figure 8, si ce n'est qu'il est plus long et qu'il a la partie supérieure arrondie pour que la main né soit pas blessée en frappant.

FIGURE 17.

Elle représente deux morceaux de planchette, arrondis aux extrémités et placés l'un sur l'autre, la partie inférieure avançant plus que la supérieure. Cette pièce sert pour limer et dresser la tranche des médailles clichées.

FIGURE 18.

Elle représente le plan d'un autre mandrin aussi inventé par M. Darcet, auquel on fixe, à l'aide de mastic, les objets à clicher d'une forme irrégulière ou d'une dimension trop grande pour pouvoir entrer dans le mandrin figure 13.

FIGURE 19.

Élévation du mandrin figure 18, qui se place dans celui figure 13, auquel on le fixe par la partie a, que l'on serre avec les vis de pression. On peut donner telle dimension que l'on trouvera convenir à la partie b, au-dessous de laquelle se place l'objet à clicher.

FIGURE 20.

Pile de Daniell, décrite numéros 175 et suivans.

FIN DE L'EXPLICATION DES FIGURES.

TABLE DES MATIÈRES.

FIN DE LA TABLE DES MATIÈRES.

TOUL, IMPRIMERIE DE Ve BASTIEN.

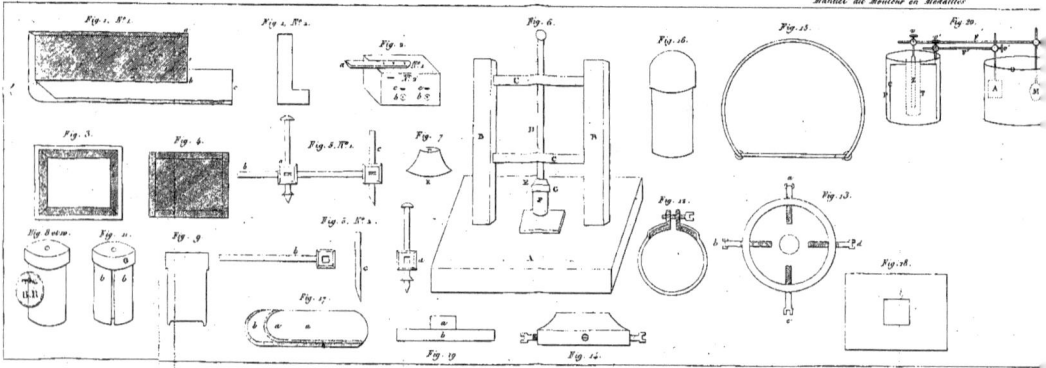

Fig. 1. Nº 1.
Fig. 1. Nº 2.
Fig. 2.
Fig. 6.
Fig. 16.
Fig. 15.
Fig. 20.
Fig. 3.
Fig. 4.
Fig. 5. Nº 1.
Fig. 7.
Fig. 8 et 10.
Fig. 11.
Fig. 9.
Fig. 5. Nº 2.
Fig. 12.
Fig. 13.
Fig. 18.
Fig. 17.
Fig. 19.
Fig. 14.

www.ingramcontent.com/pod-product-compliance
Lightning Source LLC
Chambersburg PA
CBHW071913200326
41519CB00016B/4599